근대성의 문을 연
그리스 신전
이야기

모든 도시에 그리스 신전이 있었다

임석재

한울

차례

모든 도시에는 그리스 신전이 있다

근대성의 문을 연 그리스 신전 이야기

이 도서의 국립중앙도서관 출판예정도서목록(CIP)은 서지정보유통지원시스템 홈페이지(http://seoji.nl.go.kr)와
국가자료종합목록 구축시스템(http://kolis-net.nl.go.kr)에서 이용하실 수 있습니다.
CIP제어번호: CIP2020040474 (양장), CIP2020040475 (무선)

3부 18세기 구조합리주의

4부 19세기 메트로폴리스 운동

5부 서울의 도시 상황과 마무리

책머리에

JTBC <차이나는 클라스>

이 책은 2020년 4월 8일 JTBC에서 방영된 〈차이나는 클라스〉 152회의 내용을 책으로 엮은 것으로, 그리스 신전이 18~19세기 유럽에 끼친 영향을 다루었다. 이 프로그램의 순수 녹화 시간이 네 시간이었고, 방영 시간은 70분이었다. 방영분은 그림과 사진 중심이고 분량도 적어 책은 녹화분 위주로 구성했다. 내용을 정리해 구성하고 보니 요즘 인기가 많은 200쪽 분량의 아담한 책이 되었다.

〈차이나는 클라스〉에 대해서는 이미 독자들도 잘 알고 있을 것이다. 현재 텔레비전에서 방송 중인 강연 프로그램을 대표한다. 시청률도 높고, 대중성과 함께 강연 내용의 전문성도 고루 갖추었다. 방송사에서도 자부심을 갖고 있으며 방영 시간도 비교적 황금시간대라 할 수 있는 화요일 밤 11시다.

프로그램 특징을 보면, 여덟 명의 출연진이 학생으로 앉아 있고 이들을 상대로 강연하는 형식으로 진행된다. 책은 글과 그림·사진으로 구성되는 데 반해 이 프로그램은 현장 강연을 동영상으로 촬영한 뒤 고도의 편집 과정을 거쳐 만드는 방송 자료다. 이런 방송 프로그램을 책으로 옮기는 데는 한계가 있겠지만, 현장 분위기를 최대한 살리는 쪽으로 구성과 편집을 잡았다. 대표적으로 대화체와 구어체를 섞은 강연 투의 원고를 준비했다. 중간에 출연진과 주고받는 질의응답과 대화 내용도 핵심은 그대로 살렸다. 지나치게 구어체라서 어색한 부분은 다듬었으나 문어체는 가능한 한 피하려고 했다. 출연진의 이름은 저작권 문제가 있어 '학생'으로 통일했으며, 강연자인 나는 성을 따서 '임'으로 표기했다.

프로그램을 촬영한 소감을 간단히 적어보면, 먼저 많은 수의 제작진이 투입되어 매우 열심히 만드는 모습에 놀랐다. 70분 분량의 프로그램을 방영하기 위해 스튜디오의 뒷면에서는 일반의 생각보다 많은 노력과 수고가 필요했다. 사전 준비부터 나와 제작진 모두 많은 시간과 노력을 쏟았으며, 녹화 현장에서도 촬영하는 네 시간 동안 출연진들은 지루해하지 않고 열심히 강연을 들으며 참여해 주었다.

방송이 나간 뒤 반응도 괜찮았던 것 같다. "역사가 재미있는 걸 알게 되었다", "쉽고 이해가 잘되었다", "유럽의 사례와 우리의 현실을 비교해서 좋았다" 등이 대표적인 반응이었다. 제작진도 녹화 현장의 분위기가 상당히 진지했고, 재밌어했다고 전해주었다. 시청자로부터 좋은 질문도 받아 최선을 다해 답변을 하기도 했다.

'그리스 신전'과 '18~19세기'의 만남

책의 내용은 앞에서 말한 대로 그리스 신전이 18~19세기 유럽에 끼친 영향이다. 서양 건축사에 관심이 있다면 이 말만으로도 의미와 중요성을 알 수 있을 흥미로운 주제다. 개인적으로도 좋아해서 대중 강연을 다닐 때마다 꾸준히 얘기해 오고 있다. 외부 강연에서는 보통 '그리스 신전, 근대의 길목에 서다'라는 제목으로 진행했는데 〈차이나는 클라스〉 제작진의 제안을 따라 이 책에서는 '모든 도시에는 그리스 신전이 있다'로 바꿔 제목을 잡았다.

두 개의 주제어가 핵심이다. 하나는 '그리스 신전'이다. 파르테논Parthenon으로 대표되는 그리스 신전은 보통 서양 건축과 문화예술의 뿌리라고 얘기된다. 하지만 정작 어떤 점에서 그런지 구체적인 내용에 대해서는 전공자들조차도 쉽게 대답하지 못한다. 이 강연은 그 내용을 다루되 18~19세기에 끼친 영향을 중심으로 했다.

다른 하나는 '18~19세기'다. 이 두 세기에 유럽에서는 다양하면서도 흥미진진한 역사적 사건이 많이 일어났다. 그러나 우리나라에는 이런 내용이 많이 알려져 있지 않다. 이 책은 '그리스 신전'을 빼고 순수하게 18~ 19세기의 유럽에 관한 내용만으로 접근해도 좋은 내용을 담고 있다.

그리스 신전과 18~19세기라는 두 주제어는 서로 연관성이 없어 보이지만 사실은 그 반대다. 그리스 신전이 서양 세계에 가장 많은 영향을 끼친 시기는 의외로 18~19세기였다. 이 두 주제어는 이처럼 따로 봐도 좋고 함께 보면 더 좋다. 함께 볼 경우 상호작용에 의해 다음의 두 가지 내용이 추가로 나오게 된다.

하나는 '근대성의 정체'다. 한국에서는 근대성이라고 하면 보통 산업화와 자본화, 즉 기술과 물질로만 이해하는 경향이 있다. 이는 잘못된 시각이다. 산업자본주의가 근대성의 핵심 가운데 하나이기는 하지만, 그 외에도 매우 다양하고 새로운 시도가 함께 바탕을 이루고 있다. 이 책에서 다룬 낭만주의, 구조합리주의, 정신적 도시 운동 등도 대표적인 내용이다. 이런 내용을 그리스 신전이라는 대표적인 고전을 중심으로 살펴보았다.

다른 하나는 '서울의 도시 상황'이다. 이 책에서는 18세기 개별 건물로 새롭게 해석되던 그리스 신전이 19세기 근대적 대도시에서 정신적 중심 공간으로 확장해 간 과정을 추적하고 있다. 유럽의 이런 도시 모델은 서울에도 적용될 수 있다. 그에 따라 서울의 정신적 중심 공간은 어디이며 우리는 이런 곳을 충분히 활용하며 도시 생활을 하고 있는지 되돌아보는 기회를 가져보았다.

고마운 분들께 감사 인사를 전하며, 글을 마치고자 한다. 먼저 좋은 프로그램에 초대해 준 JTBC와 〈차이나는 클라스〉 제작진에게 감사한다. 방송에서 소화하기에는 다소 전문적인 내용이었는데, 이를 적극 수용해 제작에 심혈을 기울여 좋은 프로그램을 만들어주었다. 방송을 보고 응원과 조언 등을 해준 지인들에게도 감사의 마음을 전한다. 또한 이 책을 출판해 준 한울엠플러스㈜에도 감사드린다. 마지막으로 언제나 그렇듯 사랑하는 나의 가족, 아내와 두 딸에게 마음 깊이 감사한다.

2020년 10월

심재헌 心齋軒 에서

1부

인트로

오프닝과 강연자 소개

오프닝

학생 와, 세트장이 뭔가 멋있어졌다.

학생 뭔가 큰 게 들어왔네요?

학생 약간 콩트 같은 거 해야 되는 느낌 아니에요? (웃음)

학생 네로, 네로 황제 같은 거요?

학생 옛날에 어느 코미디 프로그램에서 네로 황제라고, 코미디언 최양락 씨가 네로 황제 하고 그랬었죠.

학생 어, 들어본 거 같기는 하다.

학생 세대 차이가 확실히 나네요.

학생 뭐랄까, 그리스·로마 신전 같기는 해요.

학생 약간 대형 박물관도 생각나고. 막 그러네요.

학생 예전에 저희 동네 노래방이 이런 입구였거든요.

학생 오, 맞아요. 이런 스타일이 한창 유행했죠.

강연자 소개

학생 그럼 혹시 오늘 강연 주제가 건축과 관련이 있나요?

학생 네, 그렇죠. 건축사에 대해서 알아보게 될 거예요. 그러면 강연자분을 제가 소개해 드릴게요. 대한민국에서 손꼽히는 건축사학자 임석재 선생님을 소개합니다.

학생들 (박수) 안녕하세요. 반갑습니다.

임 안녕하세요. 반갑습니다. 저는 건축을 공부하고 가르치고 건축을 주제로 책을 쓰는 임석재라고 합니다. 만나서 반갑습니다.

학생 네, 친해지는 시간을 가져봐요.

학생 우와, 자택 사진 보여주신다(그림 1-1).

학생 선생님, 굉장히 책이 많아 보이네요, 사진만 봐도요.

학생 많이 쓰려면 많이 있어야 되겠죠, 많이 읽어야 되니까요.

학생 도서관 아니에요?

학생 아, 도서관인데?

임 제 개인 서재예요.

그림 1-1 저자의 개인 서재

학생 선생님, 이 책들을 얼마나, 몇 년 동안 모으신 거예요?

임 그러니까 대학 때부터. 저는 80학번인데요, 우리 때는 해적판이라는 게 있었어요. 불법 복사판. 그거부터 모으기 시작했죠, 저는 대학 때부터 좀 책 사는 친구로 인식되었어요. 근데 그때는 많이 못 모았고, 책 자체도 해적판이라 많이 나오지도 않았고요. 그러다가 유학 가서 본격적으로 책을 모았지요. 제가 1987년부터 1992년까지 5년 반 유학했는데요, 그때 웨이터도 하고 학교 도서관에서 일도 하고 아버지가 돈도 보내주시고 해서 아무튼 알뜰살뜰 책을 많이 모았어요. 단골 중고 서점도 몇 곳 있었고요. 한국에 들어와 교수가 된 다음에는 본격적으로 모았지요. 한 10년 전까지는 1년 동안 열심히 저금해서 책만 사러 파리, 런던, 뉴욕으로 해서 지구 한 번씩 돌고 그랬었죠.
그러다가 애들이 커서 학비가 많이 들어가면서 고백하건대 사실상 한 7~8년 전부터는 책 모으는 게 끊겼어요. 이 자료라는 게요, 저처럼 양으로 승부를 거는 사람들은 이게 쌓여야 되는데 7~8년 전부터 사실은 해외 자료 수집이 좀 끊겼죠. 그 대신에 한국에서 나오는 책들을 모으고 있죠.

임석재 선생의 책에 대한 이야기

학생 선생님께서 쓰신 책이 60권 정도 되더라고요.

임 예, 정확하게 57권입니다.

학생 책도 다 두껍던데요.

임 두꺼운 것도 있고 얇은 것도 있지요.

학생 어떻게 그렇게 책을 많이 쓰셨어요?

임 일단은 재밌으니까 쓰겠죠. 책 쓰는 게 저한테는 재미이자 놀이이자 취미이자 주특기이고 직업이죠. 그다음에 사회적으로 보면 직업 정신이라는 게 있잖아요. 교수들은 공부하라고 만들어놓은 직업이니까요. 직업 정신에 충실하자는 뜻도 있고요. 저는 책 쓰는 게 세상과 소통하는 유일한 통로죠. 다작의 비결은 선택과 집중이고요.

학생 소장하고 계신 책들이 거의 다 건축사에 관한 책들이에요?

임 아니요. 저는 건축뿐만 아니라 인문·사회학, 미술, 예술하고도 연관을 많이 짓기 때문에요, 한 절반은 건축 책이고 나머지 절반은 미술·철학·사회학·역사·문화 관련 분야의 책이죠. 동양

자료도 좀 되고요. 제가 화가들의 화집도 미술 쪽 분들보다 아마 더 많이 소장하고 있을걸요.

학생 그중 하나만 꼽으라면 어떤 책을 꼽으시겠어요?

임 제가 쓴 것 중에요?

학생 아뇨, 소장하신 수많은 책 중에 가장 자주 보시는 책이요.

임 책 쓰는 것도 나이대에 따라서 방식이 좀 달라져요. 제 나이쯤 되어서 내공이 조금 쌓이면 남의 책을 많이 읽기보다는 이제 사고가 어느 정도 틀이 잡히기 때문에 요즘은 로 머티어리얼raw material, 기본 자료가 정리되어 있는 백과사전류를 많이 봐요. 즉, 백과사전에서 기본 자료를 모아 그것을 재가공해서 저만의 시각으로 만들어내는 거죠. 저도 젊었을 때는 훌륭한 학자들이 쓰신 책들을 많이 보았는데 이제 제 나이 정도에 이르면 그 단계는 벗어나게 되는 거죠. 학자는 자기만의 정신세계가 있어야지 남의 책만 읽고 앉아 있으면 곤란하니까요.

학생 그러면 선생님 본인이 쓰신 책 중에 가장 애정이 가는 책을 그래도 한 권만 꼽는다면요?

임 오늘 강연 주제에 해당되는 책인데요. 제가 『임석재의 서양 건축사』라고 그리스·로마 건축부터 19세기 건축까지 다섯 권에 걸쳐 썼는데요. 그중에 5권이 오늘 주제에 해당되는 내용인데 이게 아무래도 가장 자랑스러워요. 한 800페이지 정도 되어요. (학생: 우와) 그다음에 우리 건축물 중에 최고봉이라고 할 수 있는 경복궁을 가지고 제가 『예禮로 지은 경복궁: 동양 미학으로 읽다』라고 한 900페이지짜리 책을 썼어요. (학생: 900페이지요?) 이 두 종이 그나마 좀 대표할 만한 책이죠. (학생: 알겠습니다)

학생　선생님, 900페이지 책을 쓰려면 자료에서 몇 페이지를 추리시는 거예요?

임　사람이 자료를 다루는 경향을 보면, 인클루시브 inclusive 하거나 익스클루시브 exclusive 해요. 크게 보았을 때요.

학생　그렇죠, 그렇게 두 가지로 나뉘죠.

학생들　(웃음)

임　인클루시브한 경향은 이른바 수집가 기질이죠. 자료를 엄청 모아서 그것을 쫙 한 번 필터링해서 책으로 만드는 거죠. 에센스만 쫙 뽑아내는 식이죠. 저는 이쪽에 해당되는데, 보통 책 한 권을 쓸 때 한 5배에서 10배 정도 자료를 모은 뒤에 압축을 하죠. (학생: 와!)

그리스 신전과 유럽의 18~19세기

퀴즈, 유럽 건축사에 가장 큰 영향을 끼친 건물은?

학생 선생님, 저희가 건축에 대해서 이전에도 강연을 몇 번 듣기는 했는데요, 왠지 오늘은 좀 분위기가 다를 거 같습니다. 방대한 책을 통해 어떤 주제를 들려주실지 궁금한데요.

임 오늘은 유럽의 18~19세기 건축사 얘기를 할 텐데요, 건축을 주제로 유럽의 18~19세기 문화사 등을 살펴볼까 합니다.
그래서 내용에 들어가기 전에 제가 먼저 질문을 드릴 텐데요, 하나의 건물을 가지고 18~19세기 유럽 건축을 풀어갈 거예요. 18~19세기 서양 건축사에서 가장 큰 영향을 끼친 건물을 하나만 들라고 하면 뭘까요? 무슨 얘기냐면 18~19세기에 유럽에서 하나의 건물이 계속해서 모델이 되고 반복적으로 사용이 되었거든요. (학생: 뭐가 있지?) 그게 무엇일까요?

학생 여기 계신 분 중에서 건축 관련 자격증을 갖고 계신 분이 있죠?

학생　저는 유럽이라고 하면, 유럽 여행을 가다 보면은 제일로 꼽는 게, 사원 같은 데, 신전 같은 데를 가잖아요.

학생　가보았어요? 그런 데, 아테네 이런 데?

학생　아테네는 못 가보았지만 파리는 되게 많이 갔거든요. 파리의 건물에도 기둥 같은 게 되게 많아요. 저는 건축에 대해서는 그렇게 잘 알지는 못하는데 '웅장하다' 약간 이런 느낌을 보려면 거의 뭐 …….

학생　어? 아니면 그런 거 아니에요? 서양 도시에는 광장이 꼭 있잖아요. 광장에 있는 건축물 (학생: 분수대?) 같은 거?

학생　콜로세움Colosseum, 이런 거 아니에요?

학생　오벨리스크 Obelisk 아닙니까, 선생님? (학생: 오벨리스크) 오벨리스크.

임　오벨리스크는 로마 황제들과 교황들이 좋아했던 거고요. 답은 나왔어요. (학생: 어? 나왔어요?) 여러분이 말한 답 속에 제가 오늘 얘기하려는 내용들이 거의 다 나왔어요. 답은 신전이에요, 그리스 신전. 오늘 이 그림을 가지고 그런 내용을 얘기해 볼까 해요. 바로 이 한 장의 그림입니다(그림 2-1).

학생　근데 거의 다 무너졌네요.

임　그렇죠, 지금은 폐허로 남아 있죠.

학생　근데 선생님, 저게 왜 18~19세기 서양 건축사에 그렇게 큰 영향을 끼쳤습니까? 제가 보기에는 저건 그냥 다 탄 연탄 같은데요.

학생　색은 좀 그런데요. 근데 선생님, 의문이 생기는데요, 기원전 479년

그림 2-1 쥘리앵 르루아의 『그리스의 가장 아름다운 폐허 기념비』에 수록된 수채화

이면 1700년 동안은 뭐 하다가 갑자기 18~19세기에 짠 하고 나타난 건가요?

임　1700년이 아니라 약 2300년이죠.

학생　2000여 년, 그렇죠. 그러니까 그 수많은 시간 동안 뭐 하다가 갑자기 18~19세기에 영향을 끼친 거죠?

18~20세기에도 여전히 중요한 그리스 신전

임　그래서 오늘 그 얘기를 하려는 거예요. 이렇게 긴 시간이 흐른 뒤에 영향을 끼치게 되는 의외성 같은 걸 말이에요. 그리스 신

그림 2-2 프랑스 파리의 루브르 궁전 동익랑 1667~1670년.

전은 18~19세기뿐만 아니라 20세기에도 서양에서 여전히 중요하게 사용이 되고 있어요.

대표적인 예들을 보면요, 우선 우리가 다 아는 유명한 프랑스 파리의 루브르 궁전Palais du Louvre이 있죠. 이 사진은 궁전의 동익랑east wing, 東翼廊이에요(그림 2-2). 루브르 궁전은 수백 년간 증축하며 세운 것으로 그중 이 동쪽 회랑은 지어진 연도가 1670년인데, 18세기 건축에 하나의 등불이 된 건물이죠. 이런 점에서 18세기를 대표하는 건물 가운데 하나라고 할 수 있죠.

다음 사진은 독일 베를린의 유명한 구박물관Altes Museum입니다(그림 2-3). 이건 1830년에 완공되었으니까 19세기 한복판의 건축물이라 할 수 있죠. 그리스 신전의 기둥을 가지고 100미터에 육박하는 긴 건물의 폭을 담당했던 건물입니다. 그다음에 보시면,

그림 2-3 독일 베를린의 구박물관 1824~1830년.

그림 2-4 미국 워싱턴 D.C.의 링컨 기념관 1922년.

미국 수도 워싱턴 D.C.에 가면 보실 수 있는 링컨 기념관Lincoln Memorial인데요, 이게 의외로 1922년에 세워진 20세기 건물이에요(그림 2-4). (학생: 그러네?) 한가운데에 링컨 동상이 있잖아요. 링컨의 업적에 걸맞은 훌륭한 건물이 무엇일까 찾다 보니까 그리스 신전을 찾은 거죠.

학생 선생님, 그런데 우리나라에도 그리스 신전 같은 건물이 있지 않

그림 2-5 서울 덕수궁 석조전 고종이 그리스식 신고전주의로 1910년에 완공했다.

나요?

임 예, 우리나라에도 있어요. 가장 대표적인 게 덕수궁 석조전이죠 (그림 2-5). (학생: 아, 맞아)

학생 진짜 예뻐, 근데 저기 …….

학생 덕수궁 석조전이면 미술관이 있잖아요.

임 예. 석조전은 동관, 서관 두 건물이 있는데요, 동관은 대한제국 때 고종이 접견실, 서재, 휴게실 이런 기능으로 지은 건물인데 저게 그리스 신전을 본뜬 거죠.

그다음에 경희대학교 캠퍼스에도 있어요. 서울캠퍼스 본관 건물이죠(그림 2-6). 1980~1990년대에 영화 찍을 때 가장 아름다운 캠퍼스로 영화에 많이 등장했죠. 저 건물도 그리스 신전 양식이죠.

그림 2-6 경희대학교 서울캠퍼스 본관 1956년, 한국에 그리스식 신고전주의가 대중적으로 유행하는 문을 열었다.

심지어 우리나라에까지 있고 해서, 오늘 주제가 '모든 도시에는 그리스 신전이 있다'거든요. 파리에도 있고 베를린에도 있고 워싱턴 D.C.에도 있고 심지어 서울에도 있잖아요. 우리가 그리스랑 직접적인 연관이 없는 나라인데도 그리스 신전이 있다는 거죠. 우리나라에도 찾아보면 더 있어요.

학생 예전에 경기도 광주시 곤지암읍이 소머리국밥으로 유명해서 한번 먹으러 갔는데요, 식당 건물이 그리스 신전 모양이더라고요. (학생: 아, 그래요? 진짜요?) '소머리국밥과 그리스 신전이라, 정말 묘하다' 이런 느낌으로 밥을 먹었던 적이 있어요, 한 몇 년 전에.

학생 우리 생활 곳곳에 그리스 신전이 함께하는 거 같아요.

학생 저도 얼마 전에 쇼룸 인테리어를 했을 때 그쪽에서 원하신 게 "약간 그리스 신전처럼 해달라"는 거였어요. 그래서 약간 대리석 같은 느낌의 흰색 기둥으로 하고 그랬어요.

임　오늘 이 얘기를 하려는 건데요, 이와 관련해서 질문을 하나 더 드려보면, 우리가 그리스 문명을 서양 문명의 뿌리라 그러잖아요. 그리스 신전, 파르테논 신전은 서양 건축의 뿌리라 그러고요. '그럼 과연 어떤 점에서 뿌리냐?'라고 물어보면, 혹시 아시는 분 있을까요? 이 질문에 선뜻 대답할 수 있는 사람이 거의 없어요. 심지어 건축사 전공자들까지도요.

학생　건물을 세우기 쉬워서 그런 거 아니에요? 기둥이 많고 그냥 단순하게 생겼잖아요.

임　그것도 맞기는 한데요, 그 말씀은 효율적인 측면을 보신 거고요. 그것만 가지고 뿌리가 되기에는 좀 부족하죠. 진짜 중요한 내용이 뭐가 있을까요?

학생들　…….

임　그래서 오늘 그리스 신전이 서양 건축, 나아가 서양 문명에 끼친 영향을 얘기하려는 거예요. 그런데 의외로 이런 영향이 가장 많이 나타난 때가 18~19세기라는 거죠. 처음에는 유럽의 여러 나라들로 퍼져나가다가 미국으로 건너갔고 한국에까지 오게 되었는데요. 문화사적으로 상당히 오랜 기간에 걸쳐 많은 영향을 끼쳤어요. 여기서는 18~19세기 유럽에 집중해 그 내용을 함께 살펴볼까 합니다.

학생　자, 선생님, 지금부터 본격적인 강연 부탁드리겠습니다. (박수)

18세기까지 금단의 땅이었던 그리스

그리스 신전 살펴보기

임　자, 그러면 그리스 신전에 대해서 먼저 간단히 살펴보도록 하겠습니다. 그리스 신전은 건물의 종류이고요, 가장 대표적인 예는 아무래도 파르테논이겠죠. 아테네의 아크로폴리스 정상에 서 있죠. 저 위에, 지금 폐허 상태로 있는 저 건물이 파르테논이죠 (그림 3-1). 많이 파괴되었죠.

학생　근데 딱히 멋있다는 생각은 안 드는데요?

학생　기원전 479년에 어떻게 저런 걸 지었을까요?

학생　진짜, 그 옛날에 저걸 어떻게 지었을까 생각하면 엄청난 거지. 선생님, 돌을 어떻게 올린 거예요? 기계가 없잖아요?

임　아, 저 때에도 기중기가 있었어요. (학생: 어?) 파르테논은 철기 문명의 산물이죠.

그림 3-1 그리스 아테네의 아크로폴리스와 그 정상에 있는 파르테논 신전

학생 그런데 사실 저 때에도 피라미드는 있었지 않습니까?

임 피라미드는 훨씬 전부터 있었어요. 청동기시대죠. 피라미드는 짓기가 쉬워요. 흙으로 경사로를 쌓고 사람이 돌을 밀어 올려서 쌓는 거죠. 피라미드는 돌 하나가 폭이 2미터씩인데 그것을 청동으로는 못 들어요. 그러니까 노예들이나 농민들이 밀어 올린 거죠. 파르테논으로 오면서 건물이 작아지잖아요. 요소들도 자잘해지고 개수가 많아져요. 저 때는 철기시대라 철 기중기로 저 정도 크기의 돌들을 들어 올릴 수 있게 된 거죠.

파르테논하면은 저 유명한 마라톤전투(기원전 490년) 있잖아요.

그림 3-2 파르테논 신전 중앙에 세워진 아테나 여신 동상 1881년, 상상 복원도.

마라톤 평원에서 그리스군이 페르시아군을 무찔러 마라톤이라는 육상 종목의 기원이 된 전투지요. 그 승리가 아테나 여신 덕분이라며 승리를 기념해 아테나 여신한테 봉헌하는 신전으로 지은 겁니다. 한가운데 방을 아테나 여신의 신상이 꽉 채우면서 서 있죠(그림 3-2). 19세기 때 프랑스 고고학자들이 가서 발굴하고 추측 복원해서 그린 그림인데 굉장히 희소한 자료입니다.

그리스 문명은 그릭 월드 Greek World 라 했는데, 서쪽으로는 이탈리아 남부 지방, 그러니까 지금의 나폴리와 시칠리아까지 식민지가 있었어요. 그리스 신전은 여기에도 많이 지어졌고 동쪽으로는 터키에도 많이 지어졌죠.

그런데 그리스 문명은 신화 문명이잖아요. 그래서 신전이 그리스 건축의 한 70퍼센트를 차지해요. 신전은 단순히 건축에서만 중요했던 것이 아니고 그리스 문화와 사회 전반에서 핵심적인 역할을 했죠. 종교 행사는 물론이고, 정치·경제·스포츠·사법·일상생활 등 사회의 모든 활동이 신전을 배경으로 그 앞에서 펼쳐졌다고 보시면 되어요.

유럽인들이 그리스 신전에 대해 잘 몰랐던 이유

임 그리스 신전에 대해 간단히 살펴보았고요. 그런데 이 그리스 신전이 사실 유럽 사회에서 오랫동안 잊히게 되어요. 아테네가 펠로폰네소스전쟁(기원전 431~404년)에서 스파르타한테 지잖아요. 여러분도 혹시 그런 걸 보셨는지 모르겠는데 초등학교 교과서를 보면 아테네식 교육과 스파르타식 교육으로 나누잖아요. 이게 여기에서 나온 말들이에요. 스파르타가 이겼기 때문인지 우리가 자랄 때에도 보면 좀 전체주의식으로 강압적으로 하는 교육 방식이 좋지 않느냐는 얘기도 있었죠.

어쨌든 아테네가 진단 말이에요. 그다음부터 갑자기 그리스 문명이 몰락하고 바로 알렉산더대왕(기원전 336~323년 재위) 시대로 넘어가게 되죠. 그러면서 그리스 신전도 서서히 잊히게 되고 이런 상태가 상당히 오랜 기간 이어진 거죠. 그러다가 18세기에 들어오면서 유럽 사람들이 서서히 그리스 신전의 중요성을 깨닫고 그리스 신전을 가서 보고 접하게 된 거죠.

학생 선생님, 저게 그냥 멀리서 봐도 저렇게 눈에 엄청 띄는데, 설마 18세기 전까지 유럽인들이 그리스 신전에 대해서 잘 몰랐다고요?

임 잘 몰랐어요, 의외로.

학생 왜요? 저렇게 대놓고 서 있는데요?

학생 신경 안 썼나?

학생 관심이 없었나?

임 그것은 지금의 관점이고요, 물론 그리스 신전의 존재는 알았죠, 당연히. 그리고 어떻게 생겼는지도 대강은 알았죠. 그런데 직접 가서 보는 것이 일단 매우 힘든 일이었죠. 그 당시에는 교통수단이 발달하지 않았기 때문에요.

학생 해외여행이 지금처럼 막 활발하지 않잖아요.

임 그리스까지 직접 가서 보는 것은 몇 달씩 걸리는 힘든 일이었죠. 문화사나 건축사를 기준으로 봐도 그리스 문명이 멸망한 이후 그리스 건축이나 신전은 잊히게 되어요. 바로 로마가 시작되었는데 로마하고 그리스는 우리가 보통 '그리스·로마'라고 해서 같이 묶어서 보는데요, 사실 두 문명은 굉장히 성격이 다른 문명이에요.

로마가 그리스 신전을 받아들여서 로마 신전을 짓기는 했는데 그리스 신전의 정수를 받아들인 건 아니고 거의 무대 세트처럼 변형시켜서 사용하게 되죠. 그러다가 다시 로마가 망하고 유럽이 오랜 기간 진공상태에 빠지면서 건축 활동은 거의 중단되죠. 그다음에 등장한 기독교 문명에서는 다른 신을 섬기는 종교를 이교異敎라고 부르잖아요. 그러니까 그리스 신전에는 관심을 기울이지 않게 되죠. 그다음에 르네상스가 시작되었는데 이것은 전형적인 로마 부활이죠, 그리스 부활이 아니라요. 그 외에 또 다른 중요한 이유가 있는데요. 그리스 신전은 앞에서 어느 분이 굉장히 단순하게 생겼다고 그러셨죠? (학생: 네) 그리스 신전의 중요성은 해석의 문제이지 딱 보았을 때 비주얼로 뭔가 한 방에 확 오는 건 아니라는 말이에요. 근데 유럽 문화가 똑똑해지기 시작한 게 의외로 18세기부터예요. 우리가 유럽이나 서양이라고 하면 지성이 일찍부터 발달했을 거 같은데 의외로 상당히 늦게 똑똑해지기 시작한 거죠. 그래서 18세기에 들어와 세상 만물을 보는 다양한 시각이 발전하기 시작하면서 그리스 신전에 담긴 속뜻을 다양하게 해석을 할 수 있게 된 거죠.

그리고 마지막으로 결정적이고 가장 중요한 이유가 숨겨져 있어요. 바로 오스만튀르크가 그리스 지역을 오랫동안 점령했다는 거지요. 저기가 원래는 비잔틴제국이었는데요, 이쪽은 동방정교라고 하는 기독교 문명이죠. 그런데 이 비잔틴제국이 1453년에 오스만튀르크에 멸망당하고 말아요. 오늘날 터키 지역이 넘어가면서 바로 옆에 있는 그리스도 함께 함락이 된 거지요. 저기 지도를 보면 알 수 있죠(그림 3-3). 그런데 오스만튀르크는 이슬람 문명권이고 당시 기독교 국가들과는 사이가 안 좋아서 그리스는 유럽인들에게 금단의 땅이 되는 거죠.

학생 아예 가서 볼 수가 없었던 거네요?

임 그렇죠. 지금도 이슬람교와 기독교가 전쟁도 하고 자주 부딪치는데 저 때는 훨씬 더 심했어요. 중세 때 십자군 전쟁이 끝난 지 얼마 안 되기도 했고요. 물론 오스만튀르크와 서유럽의 관계는

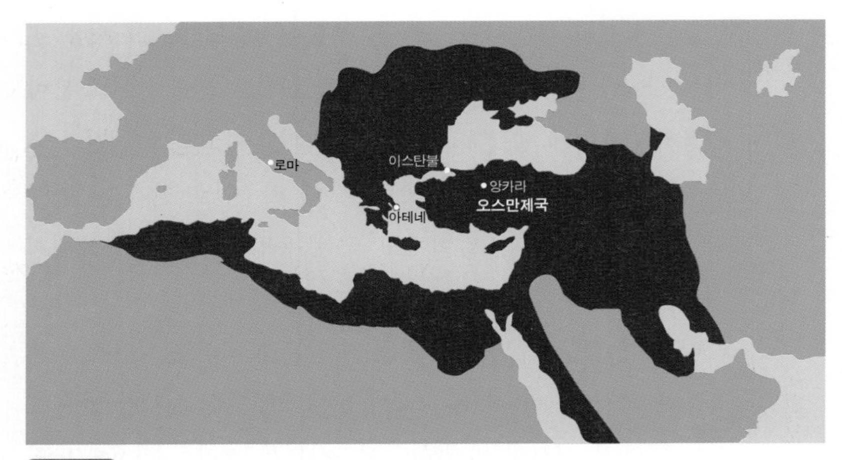

그림 3-3 17세기 오스만제국 영역

시대에 따라 다양하게 변하기는 하는데요, 한참 사이가 안 좋을 때는 유럽 사람들이 저 땅에 가면 죽었어요. (학생: 어, 무섭다) 금단의 땅이었던 거죠. 이런 상태가 17세기 말까지 계속되는 거죠.

혁명의 세기, 18세기의 모델이 된 그리스 신전

유럽 문명의 근간을 이루고 있는 그리스 신전

임 　오스만튀르크가 그리스에서 완전히 물러난 것은 19세기입니다. 17세기 말부터 평화 무드도 있고 이슬람 세력이 약해지기 시작하면서 그리스 반도의 서쪽 해안가나 북부지방부터 서유럽 사람들이 안전하게 오갈 수 있는 곳으로 변하기 시작하죠. 그러면서 유럽 사람들이 비로소 그리스 현장에서 그리스 신전을 보게 되는 거지요.

이것을 문화사에서는 '그리스 해방운동'이라고 부르는데요, 이후 18~19세기를 거치면서 유럽 건축은 물론이고 문화예술과 사회 전반에 굉장히 큰 영향을 끼치게 되지요. 왜 그러냐 하면 이 시기가 밀레니엄 단위의 큰 변혁기였고 이런 엄청난 변혁의 시기에 새 시대를 이끌어갈 문화 모델이 필요한데, 해방된 그리스 신전이 그 역할을 맡게 된 거죠. 서양 문명사에서 밀레니엄 단위의 변혁기가 딱 세 번 있었어요. 첫 번째가 신석기혁명, 두 번째가 철기혁명, 세 번째가 지금 얘기하는 바로 이 18세기예요. 18세기는 우리가 사는 현대를 이루고 이끌어가는 세 가지 혁명이 일어났던 시대예요. 18세기에 있었던 대표적인 세 가지 혁명이 뭘까요?

학생 시민혁명이요.

임 예, 프랑스대혁명이죠. 나머지 두 개는요?

학생 산업혁명이요.

임 예, 산업혁명 맞습니다. 그리고 마지막 하나는 과학혁명과 지성혁명이죠. 먼저 과학혁명은 17세기 후반에 데카르트René Descartes의 후예들이 그의 과학 연구와 합리주의 철학을 이어받아 하나의 큰 흐름을 형성하면서 시작했고요, 이게 18세기에 오면서 지성혁명으로 무르익게 되죠. 이 과학·지성 혁명은 지금 우리가 사는 시대에서 지식 정보의 바탕이 되죠. 그다음이 영국에서 1760년대에 시작된 산업혁명인데 이게 지금의 과학기술 문명의 기초가 되었고요, 1789~1799년의 프랑스대혁명은 우리가 사는 현대의 정치사회 체제인 시민민주주의의 기초가 되는 거죠. 그래서 이 18세기는 신석기혁명이나 철기혁명에 맞먹을 정도의 어마어마한 문명 변혁기예요. 이 세 가지 혁명이 다 몰려 있는 시대니까요.

학생 그러면 18세기의 혁명하고 그리스 신전이 무슨 연관이 있나요?

임 오래되고 오래된 옛날 건물인 그리스 신전이 어떻게 과학과 산업 등 혁명의 모델, 즉 현대문명의 모델이 되었냐는 의문이죠. 뭔가 안 맞는 것처럼 들리죠. 역설처럼 들리기도 하고요. 여기에서 우리는 두 가지 중요한 사실을 알게 됩니다. 하나는 우리가 사는 현대가 과거를 무조건 버리고 앞만 보고 달리는 문명이 아니라는 사실이고요. 다른 하나는 그리스 신전에는 시대를 초월한 가치가 들어 있다는 사실이죠.

이 사실을 더 잘 이해하기 위해서는 서양 문명이 전개되고 발전하는 패턴을 알 필요가 있어요. 서양 문명은 변혁기를 맞으면 발전 모델을 먼저 정해요. 이게 서양 문명의 기본 속성인데요, 이상적인 모델을 하나 정하고 그 모델의 좋은 점을 잘 찾아서 그걸 가지고 문명을 발전시켜 가는 게 서양 문명의 핵심이죠. 17세기 말 대변혁기가 그런 모델이 필요한 시기였는데, 이때가 마침 그리스 해방운동이 일어난 시기와 우연히 맞아떨어진 거예요. 서양 문명사를 보면 17세기 말은 그 전까지 유럽 문명을 이끌어 오던 모델인 로마 문명이 서서히 막을 내리는 시기예요. 현대로 접어들면서 새로운 이상 모델이 필요한 때에 그리스 땅이 열리면서 그리스 신전이 모델이 된 거죠.

그리스가 해방이 되었다는 사실이 왜 중요하냐면요, 건물은 현장에 가서 직접 봐야 해요. 그 전에 그리스 신전의 존재를 알았다고 해도 중요한 것은 땅에 박혀 있는 건물을 직접 봐야 돼요. 그래서 우리가 '장소場所'라는 말이나 '더 플레이스the place'라는 말을 중요하게 쓰는 거고요. 추상적으로 생각만 하면 안 되고 현장에 가서 장소를 직접 봐야 돼요. 그리스 땅에 직접 들어가서 그 땅에 떡 하니 뿌리박고 서 있는 그리스 신전을 직접 보기 시작하면서 유럽 사람들의 시야가 확 넓어진 거죠.

유럽의 많은 건축가들은 물론이고 지성인과 예술가들도 그리스 신전을 보면서 새로운 변혁기의 이상 모델이라고 느꼈던 것 같아요. 자신들이 머릿속으로 생각만 하고 있던 새로운 시대 가치의 내용이 그리스 신전에 녹아서 응축되어 있는 모습을 보게 된 것이겠죠. 그러면서 그리스 신전을 여러 각도에서 해석을 하게 되고 그 해석하는 시각 자체가 바로 지금 우리가 사는 20세기 문명의 근간을 이루게 되는 거죠. 이 점이 바로 '그리스 신전이 왜 서양 문명의 뿌리이고 어떤 위력을 가지고 어떤 영향을 끼쳤는가'라는 질문에 대한 답이 되는 거죠. 물론 요즘은 건물 자체를 이런 신전 모습으로 더 이상 짓지는 않지만 거기에 담긴 속뜻과 정신은 지금 이 순간까지도 유럽 문명의 근간을 이루고 있죠.

18세기 전까지의 서양 문화는 로마의 문화

임 앞에서 17세기 말이 2500년간 계속되어 온 문명이 끝나고 새로운 시대에 접어드는 대변혁기라고 말씀드렸는데요, 이때 '2500년 계속되어 온 문명'을 한마디로 줄이면 '로마 문화'예요. 로마시대 이래로 서양 건축은 로마 건축의 반복이라고 볼 수 있어요. 서양 건축사에 등장하는 비잔틴Byzantine, 로마네스크Romanesque, 르네상스Renaissance, 바로크Baroque 등의 양식이 사실은 로마 건축을 기반으로 삼은 것들이죠. 중간에 고딕Gothic만 기독교 양식으로 조금 다른데 그 속에도 사실은 로마 건축의 요소가 많이 들어 있어요. 이 내용을 전부 다루자면 서양 건축사 전체가 되기 때문에 오늘 주제에서 벗어나니까 이 얘기는 여기까지만 하죠. 아무튼 로마 문명은 철기 문명의 가능성을 집대성한 최고봉이었고, 17세기까지는 이것의 연장이었다고 볼 수 있어요. 그러다가 산업화된 기술과 지식 정보의 시대로 넘어가는 변혁기를 맞이하면서 더 이상 로마 건축 모델이 쓸모가 없게 된 거죠. 이때 유럽 사회가 찾았던 새로운 건축 모델이 의외로 그리스 신전이었습니다.

학생 선생님, 유행이 돌고 도는 것은 언제나 볼 수 있는 현상이잖아요. 요즘 '레트로retro(복고 유행)'라는 말도 있고요. 옛날의 유행이 새로운 트렌드처럼 자리 잡는 거잖아요. 건축사에서도 이렇게 유행이 돌고 도는 건가요?

임 좋은 질문입니다. 그리스가 17세기 말에는 하나의 레트로였죠. 그런데 이 레트로가 서양 문명의 중요한 특징 중 하나예요. 레트로는 좀 더 넓은 범위에서 문화현상을 이르는 말이고요. 건축사에서는 비슷한 의미로 '리바이벌revival'이라는 말을 써요. 가요계나 영화계 등 대중문화 영역에서도 일상어로 쓰는 단어죠. 서양 건축사에는 리바이벌 양식이 많아요. 우리나라에서 인기가 많은 르네상스도 건축의 경우 한 70퍼센트 정도는 로만 리바이벌Roman revival, 즉 로마 건축의 부활 양식으로 볼 수 있어요. 17세기의 바로크는 이것의 연장으로 대표적인 로마 건축양식이죠. 서양 건축사에 리바이벌 양식이 많은 것은 서양 문명의 기본 속성 때문에 그래요. 서양에서는 한 문명이 탄생하면 거기에서 가장 좋은 것을 뽑아서 좀 속된 말로 하면 우려먹을 때까지 다 우려먹어요. 장점을 최대한 이용하는 거죠.

학생 단물이 빠질 때까지요.

임 맞아요. 그래서 끝까지, 갈 때까지 가요. 한번 꽃을 확 피우고 그게 한계에 이르면 그걸 대신할 대안 문명으로 혁명이 일어나면서 뒤집어져요. 이렇게 뭔가 새로운 게 필요할 때 옛날 것을 다시 가져다 쓰는 경우가 많아요. 그래서 서양은 리바이벌 문명이 많아요.

새로운 문명에 맞는 새로운 양식이 그리스 신전이었다

학생 그러니까 선생님 말씀대로 18세기에 지금 우리의 인지혁명처럼 정치도 발전하고 철학도 나오고 과학도 발전했는데요, 이걸 어떤 걸 통해서 잘 포장해 볼까 궁리했을 때 눈에 띄었던 것이 바로 고대 신전 건축물의 양식이었다는 거죠?

임 그렇죠. 이런 새로운 문명에 맞는 완전히 새로운 독자적인 건축 양식은 우리가 보통 예술사에서 쓰는 아방가르드avant-garde*라

* 기성의 예술 관념이나 형식을 부정하고 혁신적 예술을 주장한 예술운동 또는 그 유파를 일컫는다. 20세기 초에 유럽에서 일어난 다다이즘, 입체파, 미래파, 초현실주의 등을 통틀어 이른다.

는 시대나 되어야 완성이 되죠. 건축에서는 보통 르코르뷔지에Le Corbusier**라는 사람이 대표하는데요, 근데 아방가르드 시기가 언제죠? 1910년대에서 1920년대예요. 상당히 나중의 일이죠. 그러니까 17세기 말에 새 문명은 막 일어나기 시작했는데 이걸 담아낼 새로운 건축양식이 당장 없었던 거죠. 게다가 건축은 진행 과정, 즉 시간의 흐름이 굉장히 늦어요. 예술 작품 이전에 거대한 산업이기 때문에 미술하고는 다르죠. 미술은 좀 죄송한 말씀이지만 물감 살 돈하고 라면 살 돈만 있으면 자기 마음대로 앉아서 그리면 되는데, 건축은 남의 돈을 가져다가 어마어마한 산업으로 짓는 것이기 때문에 속도가 굉장히 느리다고요.

학생 기술도 필요할 거고, 자본도 필요하고요.

임 예, 그래서 뭔가 새로운 생각이 떠올라도 그게 건축에 구현되는 건 좀 늦게 나타나고 미술에서 먼저 나타나요. 그래서 건축은 18~19세기 200년을 이런저런 다양한 탐색기를 거친 끝에 1920년대나 되어야 완전히 새로운 우리 시대의 현대건축 양식이 등장을 하게 되는 거죠. 17세기 말을 보면 새로운 변혁은 시작이 되었는데, 앞 시대의 모델이던 로마 문명은 끝났고, 여기에 맞는 새로운 건축 모델을 찾다 보니까 그리스 신전에 담긴 여러 뜻이 눈에 들어오게 된 거겠죠.

** 스위스 태생의 프랑스 건축가이자 화가(1887~1965년)이다. 건축의 합리적·기능적 조형을 중시해 철근콘크리트를 사용한 주택, 공공 건축, 도시계획을 발표했다. 작품으로 '국제연합 본부' 등이 있다.

18세기에 들어오면서 새로운 사상들이 쏟아져 나오는데 가만히 보았더니 그 내용들이 그리스 신전 안에 다 들어 있더라는 거예요. 억지 춘향을 만든 것이 아니라 다 들어 있었던 거예요. 그래서 그리스 문명이 서양 문명의 뿌리가 될 수 있었고, 유럽 사회가 그리스 신전을 통해서 18~19세기의 변혁기 때 다양한 실험을 할 수 있게 되었죠. 더 중요한 것은 이런 내용이 우리가 사는 20세기 현대문명의 근간을 이룬다는 거죠. 현대문명의 근간을 보통 기술로만 생각하는데 그렇지 않고 이때의 다양한 내용이 현대문명을 이룹니다. 이 대목이 오늘 제 얘기의 중요한 결론 가운데 하나이기도 한데요. 현대문명에는 기술만 있는 것이 아니라 다양한 인문적인 가치가 있습니다.

서양 문명의 여행 전통, 그랜드 투어

학생　그랜드 투어grand tour가 무엇인지요? 그림과 관련이 있는 것 같은데요(그림 4-1).

임　네. 그랜드 투어라는 것도 서양 문명의 중요한 특징 중 하나인데요, 로마를 목적지 삼아 유럽 여러 나라의 귀족, 학자, 예술가들이 여행을 가는 걸 말해요. 주로 17~19세기에 유행했어요. 단순한 유행이 아니라 중요한 문화현상이었어요. 여행 목적은 로마의 발달한 문화예술을 현장에서 직접 경험하고 배우자는 거였죠. 여기에서 서양 문화예술의 여행 전통이 확립됩니다. 서양 예

그림 4-1 1750년경 로마로 그랜드 투어를 온 영국인들

술은 현실에서 먼저 훌륭한 문명을 이루었던 앞 시대를 하나의 이상 모델로 삼아 그 대표 도시로 직접 여행을 가서 현장에서 보고 배우는 전통이 강합니다. 이것이 한 시대의 문화현상으로 집약되어 나타난 것이 그랜드 투어죠. 17세기까지는 로마 문명이, 지금까지 쭉 얘기해 왔듯이 로마 문명이 서양 문화예술에서 이상적인 모델 역할을 했습니다. 즉, 당시까지는 로마가 2000년 가까이 유럽 문화예술의 아버지였기 때문에 많은 유럽인이 학문이나 예술을 하려면 로마에 직접 갔다 와야 되는 거예요. 그래서 주로 프랑스, 영국, 독일, 이 세 나라의 귀족들이 예술가와 학자들을 대동하고 로마를 목적지 삼아 여행을 가게 된 거죠.

학생 어, 그런데 그리스 신전은 로마 문명을 대체하는 거라고 하셨는데 그러면 그랜드 투어와 그리스 신전은 반대되는 거 아닌가요?

임 아, 그 관계는 사실 간단해요. 지리적인 차원인 거죠. 로마 여행이 크게 유행했는데 로마에 간 김에 그리스까지 둘러보게 된 거죠. 그러니까 건축 내용을 기준으로 보면 서로 반대되지만, '예술 여행'이라는 기준에서는 같은 범위에 들어오는 거죠. 지리적으로도 로마까지 가면 그다음에는 뱃길로 그리스에는 쉽게 갈 수 있거든요.

학생 일종의 수학여행이네요?

임 수학여행보다는 유학에 가까워요. 귀족들은 본국의 정치 일정 때문에 한두 달 정도 있다가 돌아갔으니까 귀족들에게는 수학여행이라고 할 수 있는데요, 학자나 예술가들은 보통 몇 년씩 체류하면서 공부를 했기 때문에 유학이죠. 일종의 '예술 여행'인데, 이건 서양 예술에서 하나의 전통이 되어 있어요. 유럽 예술가나 건축가들의 이력을 보면 한 명의 예술가로 성장하는 교육과정에서 중요한 부분이 '어디로 여행을 갔다'는 기록이에요. 이런 전통은 지금까지도 계속되어서 예술 분야에 종사하는 교수나 학생들에게 주는 상 중에 여행상이 중요하고 권위가 있는 경우가 많죠. 예를 들어 한 2년 정도 체류비를 대주기도 합니다. (학생: 우와)

학생 볼테르Voltaire 같은 사상가나 괴테Johann Wolfgang von Goethe 같은 문호들도 그랜드 투어를 갔다고 들었는데요?

임 맞아요, 괴테가 대표적이죠. 괴테가 원래는 낭만주의자였어요. 근데 그 유명한 이탈리아 여행(1786~1788년)을 갔다 오고 나서 고전주의자로 180도 확 바뀌는 거예요. 특히 로마에 도착한 날을 스스로 '제2의 생일'이라고 불렀을 정도였죠. 그만큼 로마를 동경했고, 실제로 로마를 본 뒤에 자신의 예술 철학이 180도 뒤바뀌게 된 거죠. (학생: 이야)

18세기 유럽 지성계를 뒤흔든 한 장의 수채화

임　자, 이런 배경 아래 2000여 년의 시간이 흘러서 드디어 유럽 사람들이 그리스 땅으로 많이들 몰려가게 되었죠. 그리고 그곳에 뿌리박고 서 있는 그리스 신전들을 직접 보게 된 거예요. 오랫동안 금단의 땅이었기 때문에 더 목말랐겠죠.

학생　상상만 했던 꿈의 장소를 직접 가서 본 거잖아요. 그때 유럽인들의 반응은 좀 어땠어요?

학생　그런 반응을 기록한 게 남아 있나요? 충격이라든가?

학생　'이게 뭐야' 이런 건 아닐까요? 그때는 인증 숏도 못 찍고 그랬을 텐데요.

임　아직 카메라가 없던 때라 수채화를 그리기 시작해요. 그래서 처음에 보여드린 '그리스 폐허 기념비' 같은 수채화가 수백 장 그려져 유럽 사회에 소개되기 시작하죠(그림 2-1). 이 한 장의 그림이 결과적으로는 18세기 유럽 지성계를 뒤흔들게 되지만 처음 보았을 때는 실망감이 더 컸어요. 무엇보다 그리스 문명에 대한

그림 4-2 독일 뮌헨의 성 요한 네포무크 교회
바로크 벽체 구조와 화려한 장식을 대표한다. 1733~1738년.

환상이 있었을 거 아니에요. 그다음에 그리스 신전은 장식이 매우 화려했을 거라고 막연히 상상하고 있었죠. 왜냐하면 저 때가 바로크Baroque와 로코코Rococo가 끝나가는 시대였거든요. 근데 우리가 미술사에서 보면 바로크와 로코코는 화려한 장식의 시대라고 나와요(그림 4-2), 멋진 장식이 늘 눈에 익어 있었기 때문에. 그리고 원래 그리스 신전에 대해서 막연한 환상 같은 것을 가지고 있었기 때문에 뭔가 화려한 장식이 있고 멋있을 거라고 기대를 했겠죠. 그런데 막상 가서 보았는데 장식은 하나도 없고 폐허 상태로 있는 걸 보고 처음에는 실망을 하게 됩니다.

학생 그랬을 것 같아요. 화려한 바로크 양식의 건축물만 보다가 이걸 딱 보면 좀 실망할 것 같다는 생각이 드는 게 사실이거든요.

임 그렇죠. 이건 약간 여담인데요, 사실은 그리스 신전에도 만만치 않은 장식이 있었어요. 이런 사실은 나중에, 1830년대에 고고학자들이 발굴을 하면서 밝혀지게 되는데요, 오랜 세월이 지나면서 파괴되고 떨어져 나가고 빛이 바래면서 17세기 말에 가서 유럽인들이 처음 보았을 때는 약간 헐벗고 굶주린 모습으로 남아 있었던 거죠. '그리스 폐허 기념비' 그림처럼요 (그림 2-1). 제가 가장 대표적인 걸 가져왔어요. 여러 명의 건축가와 화가들이 그리스에서 직접 본 신전들의 상태를 그렸는데, 그중 르루아Julien David Le Roy라는 사람이 대표적이에요. 건축가와 화가를 겸했던 사람인데, 저런 수채화만 모아서 『그리스의 가장 아름다운 폐허 기념비Les Ruines des plus beaux monuments de la Grace』라는 책을 내지요. 폐허 상태의 모습에 처음에는 실망을 하게 되지만 곧 대반전이 일어납니다. 이 당시는 여러 새로운 사상이 등장하는 밀레니엄 단위의 변혁기였기 때문에 그리스 신전은 겉모습만 보고 실망할 것이 아님을 깨닫고 세부적으로 해석하기 시작하죠. 새로운 사상을 가진 사람들이 이걸 보고 각자 "이거다"라고 하면서 중요한 해석들을 할 수 있게 되어요. 그 내용에 따라 크게 세 그룹이 반응을 하게 됩니다. 이 세 가지 내용을 가지고 오늘 강연을 풀어가 볼까 합니다. 첫 번째 그룹이 낭만주의자들입니다. 저걸 보고 "아, 이것은 낭만성이다"라고 외치게 됩니다.

학생 저 폐허를 보고 낭만을 떠올려요?

임 예. 그다음 두 번째 그룹은 엔지니어 그룹인데요. "아, 저건 우리가 찾던 구조합리주의의 모델이다"라고 외치게 되어요. 이 두 그룹이 18세기에 새롭게 등장한 건축 경향이자 문화예술의 경향입니다.

학생 해석들이 막 나오기 시작하네요.

임 예, 그리고 시간이 조금 지나서 19세기가 되면 세 번째 그룹이 등장하면서 "아, 저것은 이상도시 모델이다"라고 외치지요. 도시의 중심 공간을 무엇으로 잡을지 고민하던 19세기 도시 건축가들한테 그리스 신전이 하나의 이상도시 모델이 되었죠. 이렇게 해서 낭만주의, 엔지니어의 구조합리주의, 이상도시 운동, 이렇게 세 그룹이 그리스 신전을 이상 모델로 삼게 되어요. 이것은 18세기를 기준으로 해도 문명 변혁기의 새로운 흐름이고 거꾸로 그리스 신전을 기준으로 해도 완전히 새로운 해석이 되는 거죠. 이를 통해 서양 지성사에서 매우 역동적인 시기였던 18세기 계몽주의의 문이 열립니다. 이 무렵은 아주 흥미진진한 시기이고 이때의 내용이 그대로 지금 우리가 사는 현대문명의 근간이 되는 겁니다. 현대문명은 결코 기술과 자본만으로 이뤄진 것이 아니었다는 말이죠.

2부

18세기 폐허낭만주의 운동

픽처레스크 미학과 숭고미

폐허, 미학이 되다

임 자, 그러면 첫 번째 그룹인 낭만주의부터 보도록 하죠. 그림 2-1(20쪽)의 느낌이 어떠세요. 낭만이 느껴지세요?

학생 공사 현장 같아요, 짓다 만 거요.

임 하하, 짓다 만 거처럼 보일 수도 있는데 그보다는 파괴된 거죠. 그래서 건축사에서는 '폐허ruin'라는 말을 써요.

학생 그런데 앞에서 파르테논 신전을 볼 때도 그랬고요(그림 3-1). 왜 저렇게 부서졌어요? 그냥 세월의 흔적인가요, 아니면 전쟁 같은 거에 의해서인가요?

임 건물이 부서지는 이유는 여러 가지인데요. 가장 중요한 건 아무래도 전쟁이겠죠. 전투 중에 부서지기도 하고, 한쪽이 상대편 도시를 점령하면 왜 그런지 모르겠는데 꼭 건물부터 부숴요. 제

2차 세계대전 때 비행기에서 폭격한 거야 어쩔 수 없다고 쳐도, 옛날에는 땅으로 보병이 들어갔는데 꼭 죄 없는 건물부터 부순다는 말이죠. 대형 건물을 부수는 일은 짓는 것만큼 힘든데 말이죠. 알렉산더대왕도 페르시아를 점령하고 페르세폴리스를 다 부수었죠.

학생 패한 쪽 사람들한테 공포심을 조성하기 위한 목적도 있지 않았을까요?

학생 싸우면서 증오 감정이 많이 생겨서 그럴 수도 있고요.

임 그렇죠. 화풀이, 분풀이 이런 것도 있겠죠. 그런데 파르테논이 파괴된 이유는 재미있어요. 전쟁 때문은 아니었어요. 아테네가 펠로폰네소스전쟁에서 스파르타한테 지는데 이때 부서진 게 아니에요. 스파르타는 그리스 내의 같은 도시국가여서 그런지 이 건물을 그대로 놔둬요. 파괴된 건 한참 뒤인 오스만튀르크한테 점령되었을 때인데요, 일부러 부순 건 아니고 1687년 베네치아와 전쟁을 할 때 저 건물을 탄약고로 썼는데 이게 폭발하면서 파괴되었죠. 그러니까 일종의 '사고'인 셈이죠.

어쨌든 당시 유럽에서는 폐허로 남아 있는 그리스 신전을 보고서 이것을 미학의 대상으로 삼을 수 있다고 여긴 예술가와 사상가들이 등장을 하게 되어요. 이른바 '폐허의 미학'인데요. 조금 말을 바꿔보면 이 시기가 되면 유럽 사회에서 폐허의 의미를 한 번쯤 정리해야 된다는 생각이 커지기 시작해요. 그만큼 폐허가 유럽 사회에서 큰 부분을 차지해 왔다는 뜻이겠죠. 그냥 파괴된 건물로만 치부하고 방치하기에는 뭔가 많은 의미가 들어 있을 거라고 여기게 된 거죠. 다르게 생각하면 당시 유럽 예술계가 다양한 소재를 찾기 시작한 현상의 하나일 수도 있어요. 예술 소재의 확장이 일어나게 되는데 폐허도 그중 하나가 된 거죠. 그 확장은 여러 방향으로 일어나요. 철학 같은 순수 사상의 전성기도 오고 사회학 같은 실용 사상도 새로 태동하죠. 예술에서는 '미학'이라는 새로운 사상 흐름이 탄생합니다.

학생들 미학이요?

임 네, 미학이요. 그렇다면 저런 폐허에서 어떤 미학이 나올까요?

학생들 …….

임 바로 낭만주의 미학입니다. '폐허'랑 합해서 '폐허낭만주의' 미학이 되는 거죠.

폐허, 픽처레스크가 되다

학생 선생님, 근데 저렇게 폐허를 보고 낭만을 떠올리기 쉽지 않을 텐데요?

임 그럴 수 있죠. 우리가 보통 낭만이라고 하면 가장 먼저 떠오르는 게 서정시죠. 뭔가 감성적이고 서정적인 것, 아름다운 것 아니면 센티멘털 같은 걸 우선 떠올리죠. 그림 2-1(20쪽)이나 그림 3-1(27쪽)은 언뜻 보면 이런 감성과 거리가 있어 보여요. '폐허'라는 말부터가 우선 그렇잖아요. 가령 우리 감성으로 '폐가'는 상당히 안 좋은 걸로 보죠. 귀신 영화의 배경으로 나오고요. 그런데 가만히 보고 있으면, 특히 실제로 그리스 땅의 현장에 가서 폐허로 남아 있는 신전을 보면 신기하게 낭만성이 느껴져요.

학생 선생님도 가보셨다는 거죠?

임 그렇죠. 여러 곳에서 보았죠. 실제로 가서 땅과 함께 보면 그렇게 느껴져요. 여기에서 키워드는 '땅'이라고 할 수 있는데, 이것은 곧 '자연'이라는 거잖아요. 그리스의 지중해 자연, 그러면서 픽처레스크picturesque라는 개념을 공통 고리로 삼아서 낭만주의 미학의 대상이 되는 거죠.

학생 픽처레스크가 뭔가요?

임 이 말은 풍경화에서 온 건데요, 사전적 의미는 '그림 같은'이라는 뜻이에요.

학생 그럼 픽처라이크picture-like네요?

임 그렇게 말할 수도 있겠네요. 서정이 발전하게 되면 낭만에서 또 중요한 게 아름다운 자연 풍경이잖아요. 풍경화가들이 자연을 그리려고 관찰하면서 어떤 특징과 모습이 '그림으로 옮기기에 적합할까'라는 문제로 고민을 하게 되죠. 그러면서 자연에서 그런 내용을 모아서 '픽처레스크'라는 말을 붙이게 된 거죠. 이 단어를 보면 '그림'이라는 뜻의 'picture' 뒤에 'que'라는 접미사를 붙였어요. 'que'는 '- 같은' 혹은 '-다운'이라는 형용사를 만드는 프랑스어의 접미사인데, 둘을 합하면 말 그대로 '그림 같은' 혹은 '그림다운'이라는 뜻이 되죠.

이 말이 만들어진 역사적인 배경을 조금 더 설명하면, 17세기 바로크미술의 풍경화에서 시작을 합니다. 이탈리아와 네덜란드 같은 나라에서 풍경화가 등장을 해 발전을 하게 되죠. 그 전까지 유럽 미술에는 사실상 풍경화가 없었다고 할 수 있어요. 주로 '신화 - 종교 - 역사'를 주제로 한 장르화나 왕족과 귀족의 초상화가 대부분이었죠. 풍경화가 있었다고 해도 장르화나 초상화의 배경이었죠. 자연 풍경 자체가 중심 주제가 된 것은 17세기에 풍경화가 등장하면서부터죠.

지금은 누구나 풍경화를 알고 있지만 유럽 미술에서 처음 등장한 건 의외로 오래되지 않았다는 말이죠. 이게 무슨 뜻이냐 하면 그 전까지는 아름다운 자연 풍경을 있는 그대로 그려본 적이 한 번도 없었다는 거예요. 자연을 처음 그리다 보니 자연의 특징과 모습 가운데 어떤 부분이 그림으로 옮기는 데 잘 맞을까를 고민하게 되겠죠. "어떤 부분은 그림으로 옮기기 좋은데 어떤 부분은 그림하고 좀 안 맞더라", 이렇게 되는 거죠. 목가적인 농촌, 나무와 꽃, 강과 돌, 푸른 초원과 하늘 등이 잘 맞는 요소들로 이때 정리가 되어요. 지금은 누구나 다 아는 자연 풍경의 아름다운 요소들인 거죠. 한때 '이발소 캘린더'라고 부르던, 알프스산맥 기슭에 쫙 푸른 초원이 펼쳐지고 언덕 위에 예쁜 농가가 있는 그림들이요.

학생 아, 이발소에 그런 캘린더가 있어요? 저희는 이발소를 가본 적이 없어서요.

학생 이발소는 잘 모르겠네요, 생각해 보니까. 미용실을 주로 가서요.

임 동양의 전통화를 보면, 동양에서는 상당히 오래전부터 풍경화가 등장했는데 서양에서는 17세기나 되어야 나오지요. 그 전까지 서양에서는 자연을 적대시했어요. (학생: 아, 그런가요?) 자연은 무섭잖아요. 물론 양면적인데, 양면성의 한쪽 특성으로 무서운 부분도 있는 거죠.

학생 야생이 무섭죠.

임 그렇죠, '야생'이라는 말이 적절하겠네요. 얼마 전에 밤 9시쯤 어느 한적한 고속도로를 달린 적이 있는데요, 사방을 둘러봐도 불빛은 하나도 없고 시커먼 산등성이만 보이는데 저 속에 버려지면 정말 무서울 것 같더라고요. 비바람이 몰아치거나 홍수라도 나면 또 얼마나 무서워요. 이전까지 서양은 자연의 양면성 가운데 주로 이런 불친절한 것을 크고 중요하게 본 거죠. 자연을 무서운 걸로 보고 극복하고 정복해서 이겨야 할 대상으로 보았죠. 그러다가 17세기에 풍경화가 등장하면서 자연을 아름답게 보는 새로운 시각이 출현해요. 자연에서 서정성, 낭만성, 감성, 아름다운 모습 등을 찾아내서 그림의 대상으로 삼게 됩니다.

폐허, 낭만주의가 되다

학생 그런데 어떤 면에서 신전의 폐허를 보며 픽처레스크의 대상이라고 느끼게 된 걸까요?

임 자연에서 그림에 알맞은 특징을 찾다가 폐허를 끼워놓고 보았더

그림 5-1 조지프 터너의 〈던스탠버러 성채〉 1800년.

니, 이게 자연하고 어울리더라는 말이죠. 그리스의 지중해 풍경도 중요하고요. 함께 보니까 의외로 잘 어울리는 면이 있다고 느끼게 된 거예요. 좀 전문적인 용어를 쓰면 둘 다 '비정형'인 거죠. 잘 다듬은 형식 같은 인공성이 없고 형태도 자유롭게 생긴 것을 공통점으로 느꼈던 거예요. 그러면서 서로 주거니 받거니 하면서 어울리게 되었죠. 예를 들어 풍경화가 중 최고봉이라는 터너Joseph Turner의 그림을 볼까요(그림 5-1). 터너는 자연 풍경 속의 폐허를 특히 많이 그렸어요. 터너의 그림을 보면 폐허를 울퉁불퉁한 돌산이나 성난 파도 같은 거친 자연 형태와 비슷한 분위기로 그려요. 이 그림도 보면 고성의 폐허가 주변 자연환경과 구별이 안 되죠.

학생 사실 처음에 '왜 자연이랑 폐허랑 엮었을까'라는 생각을 좀 했는데요, 말씀을 듣고 보니까 뭔가 딱 단정되어 있는, 그러니까 예쁘게 잘 세워져 있는 건물들은 사람 손을 많이 탄 거잖아요.

임 그렇죠, 인공성이 두드러지죠.

학생 네. 근데 폐허가 된 것은 바람도 맞고 비도 맞고 뭔가 자연의 여러 가지 손길이 닿은 듯한 느낌이 들어서, 말씀하신 것처럼 그림 같은 느낌은 훨씬 많이 드네요.

학생 그리고 약간 왜 그런 점도 있잖아요. 되게 예쁜 날씨, 하늘에 구름 한 점이 없는데 그 밑에 보이는 것들은 폐허인 거예요. 그러니까 그때 거기에서 느껴지는 어떤 괴리감 같은 심정들도 그림으로 담아낼 수 있을 거 같아요.

임 맞아요, 중요한 얘기를 하셨어요. 이런 의외성이나 대비도 낭만주의 미학의 중요한 부분이에요. 어쨌든 이런 과정을 거치면서 18세기 유럽 미술에는 폐허를 묘사한 그림들이 대거 등장합니다. 풍경화라고 하면 자연 경치만 그린 걸로 생각하기 쉬운데 폐허도 중요한 소재가 되는 거죠.

예를 들어 로베르Hubert Robert라는 화가가 대표적인데요(그림 5-2). 아예 자연 풍경은 빼고 폐허 하나만으로 화면을 가득 채우게 되죠. 그 모습도 무언가 신비롭고 환상적이고요. 르루아의 그림이 사실적이었다면 로베르는 한발 더 나아가서 예술적으로 아름답게 꾸미게까지 되었죠. 폐허가 픽처레스크의 대상이 되는 건 미학사에서는 굉장히 중요한 사건이에요. 낭만성을 이루던 자연의

그림 5-2 위베르 로베르의 〈폐허 콜로네이드〉 1780년.

레퍼토리가 이전에는 아름다운 풍경만 있다가 폐허로까지 확장된 거고요. 건축 쪽에서 봐도 그 전까지는 완성된 상태의 건물만 중요하게 여겼죠. 그것도 왕궁이나 교회 같은 번듯하고 중요한 대형 건물들이 위주였죠. 그러다가 건축에서도 확장이 일어나게 되는 겁니다. 이 낭만성이 바로 우리가 사는 근대성의 굉장히 중요한 핵심 개념이에요. 그 전까지는 유럽 문화에 낭만성이라는 개념이 없었어요. 지금은 누구나 낭만주의에 대해서 잘 알

그림 5-3 주제페 자이스의 〈강과 다리와 염소 떼가 있는 풍경〉 18세기.

죠. 가령 최백호 선생님의 「낭만에 대하여」라는 노래가 있을 정도로 일상적으로 쓰는 말인데, 이렇게 일반화된 게 얼마 안 되었다는 거예요. 서양 문명에서 낭만성이라는 개념은 16세기까지, 17세기까지는 없었다고 보시면 됩니다. 그림을 한 장 더 보면요, 자이스Giuseppe Zais라는 18세기 이탈리아 풍경화가의 그림인데요(그림 5-3), 앞의 두 그림과 비교해 보면 이전 그림들에서는 건물이 폐허밖에 없잖아요. 반면에 자이스의 그림에서는 오른

쪽은 여전히 폐허뿐이지만 왼쪽 언덕 위를 보면 폐허랑 온전한 건물이 같이 있습니다. (학생: 그러네요) 이제는 온전한 건물까지 자연과 잘 어울려 보이죠. 폐허를 중간 매개로 삼아서 온전한 건물까지 슬그머니 풍경화의 소재가 되고 픽처레스크의 대상이 되는 거죠. 이러면서 또 픽처레스크의 대상도 확장되기 시작하죠. 그 전까지는 '그림 같은' 대상이 자연 풍경에 한정되어 있었는데, 폐허로 넓어지더니 다시 온전한 건물까지 확장이 되죠.

더 일반화하면 그림으로 그리기에 적합한 것이면 그게 무엇이든 픽처레스크의 대상이 될 수 있었죠. 여기에서 우리는 근대성의 본질에 대해서 중요한 사실 한 가지를 알게 됩니다. 근대성이라고 하면 보통 기술하고 자본만 생각을 하는데 낭만성도 근대성의 중요한 부분이 되는 거죠. 건축도 마찬가지예요. 17세기까지 유럽 건축은 왕궁과 교회 같은 건물에 웅장함이나 기념비성monumentality 같은 특징만 표현했는데, 낭만주의를 거치면서 '아, 우리가 건물에서도 뭔가 자연적인 아름다움이나 낭만적인 걸 찾을 수 있구나' 하게 된 거죠.

요즘 우리는 건물에도 감성적인 아름다움이 있다는 것을 쉽게 알고 또 그런 걸 찾아서 일부러 가서 보기도 하는데, 이렇게 바뀐 게 이 시기를 거치면서입니다. 여기에서 다양한 주제가 고구마 줄기 캐듯이 줄줄이 엮여 나오면서 우리가 살아가는 근대성 중에 낭만성 계열의 여러 가치관과 미학이 되는 거죠.

폐허, 숭고미가 되다

임 폐허가 낭만주의에 들어오게 되는 과정을 동양과 비교하면 좀 더 이해가 쉬울 수 있어요. 동양권에서는 건물이 그림에 잘 맞으려면 손을 대지 않는 게 좋아요. 인공성이 없는, 인공성이 들어가기 전의 자연 상태 그대로인 거죠. 정자가 대표적인데, 정자는 제대로 된 건물이 아니잖아요. 짓다 만 것일 수 있는데 이 부분이 인공성이 최소화된 거죠. 그런데 서양은 형식주의 문명이기 때문에 손을 안 댄 것은 자연성이 있는 게 아니라 예술이 아닌 게 됩니다. 그러니까 예술인데 자연성이 되려면 손을 댄 것 중에 자연성이 있어야 되어요. 건물에서는 폐허가 그런 거죠.

학생 그러니까 자연과 함께 시간이 흘러서 어우러진 모습 같은 거요?

임 그렇죠. 그래서 지금 '시간'이라는 키워드를 잘 주셨는데, 여기에서 픽처레스크 미학이 '숭고미崇高美'로 발전을 하게 되어요. 영어로는 더 서브라임the sublime이라고 하죠. 숭고미라고 하면 어떤 생각이나 느낌이 딱 떠오르세요?

학생 뭐, 희생 같은 것들?

임 희생, 숭고한 희생.

학생 두려움? 압도감?

학생 뭔가 고귀한 …….

학생 뭔가 가치가 있어야 될 것 같아요, 그 안에.

학생　웅장함이요, 웅장함.

학생　우리나라로 치면 뭔가 얼이 서려 있는 것. 얼, 이런 거죠.

학생　'아름답다'라는 차원을 뛰어넘는, 그런 뭔가 신비함을 주는 거 같아요.

학생　'스토리가 좀 있어야 되지 않을까' 하는 생각이 들거든요.

임　거의 다 나왔어요. 지금 던진 단어들을 다 모으면 되기는 하는데요, 한 가지 핵심 단어가 빠졌어요. 이런 단어들을 포괄하는 건데 바로 '초월성'이라는 거죠. 인간의 힘으로 어찌할 수 없는 거대한 힘 같은 거죠. 숭고미라는 개념을 처음 정의한 이는 그리스 시대 롱기누스 Longinus 라는 사람인데요. 한동안 쓰지 않다가 18세기에 칸트 Immanuel Kant 가 연구를 많이 했고 버크 Edmund Burke 같은 사람이 뒤를 잇죠.

그런데 숭고미도 처음에는 자연에서 와요. 자연의 아름다움 중에 인간이 어떻게 할 수 없는 초월적인 것이 있죠. 남미의 이구아수폭포 같은 대형 폭포가 대표적인 예고요. 우리는 폭포보다는 산이 발달했으니까 백두산 천지나 설악산, 금강산 같은 데 섰을 때 처음 떠오르는 느낌 같은 거예요. 일종의 '거대 자연'인데요, 폭포도 자연이고 꽃도 자연이고 아름다운 농촌 풍경도 자연인데, 같은 자연이라도 느끼는 감정은 완전히 다르죠. 꽃이나 농촌 풍경은 인간의 감성 범위 안에 들어오고 우리 힘으로 어떻게 해볼 수 있는 대상인 데 반해 이구아수폭포나 금강산 같은 것은 이걸 초월하잖아요. 거대 자연 앞에 섰을 때도 아름다움을 느끼기는 하는데 꽃이나 농촌 풍경이 주는 아름다움과는 아주 다르죠. 그런 느낌을 단어로 정의하기가 어려운데 그게 바로 숭고미라는 겁니다. 영어 단어 중에 'awe'라는 게 있어요. '경외감' 혹은 '경이로움'이라는 뜻인데요. 바로 숭고미의 특징 가운데 하나죠. 이게 발음이 '오우'잖아요. 우리가 폭포를 보면 우리말로도 "오우" 그러잖아요.

학생들　하하하하하하.

학생　선생님, 우리는 "우와!" 그러지 누가 "오우!" 이래요. 선생님은 "오우!" 그러세요?

학생　그건 발 밟았을 때 나오는 소리에요. "오우, 왜 이래요?"

임　어쨌든 한국어나 영어나 모두 폭포를 보면 "오우!"라고 한다는 말입니다. 그래서 이게 숭고미가 되는 거죠. 인간의 힘으로 어쩔 수 없는 초월적인 아름다움인 거죠. 처음에는 자연에서 나왔는데 나중에 버크는 프랑스대혁명 때 분노한 군중의 노도 같은 것도 숭고미로 보게 되어요. 앞은 자연적인 숭고미고, 뒤는 사회적인 숭고미라고 할 수 있겠죠.

학생　선생님, 그런데 앞에서 숭고미가 '시간성'과 관련이 있다고 하셨는데 그건 무슨 얘기인가요?

임　이제 그 얘기를 해야죠. 숭고미의 기본 조건이 초월성이라고 했는데요, 건물에 초월성을 주는 것 가운데 하나가 오랜 시간이라는 뜻이에요. 건물에서는 보통 거대한 크기가 초월성을 대표하는데 여기에 시간성을 하나 더할 수 있는 거죠. 수천 년 전이라는 시간이 더해지면 뭔가 우리의 뿌리라는 숭고함 같은 게 느껴지죠. 이렇게 되면 그리스 신전의 배경이 되는 신화 같은 것의 의미가 더 다가오면서 정말로 초월적으로 느껴집니다. 또 이렇게 오랜 기간 숨겨져 있다가 빛을 보게 되면 사람의 손을 타지 않았다는 희소성도 생기는데, 이것도 건물에 숭고미를 더해주게 되지요.

폴리, 일상으로 들어온 신전

정원 속 소품으로 들어온 그리스 신전

임 폐허가 낭만성을 띠면서 정식으로 예술 소재가 된 다음에 18세기에 여러 방향으로 큰 활약을 하게 됩니다. 다양한 곳에 사용되고 지성사의 확장이 일어나는 데도 중요한 역할을 하게 되고요. 그중 대표적인 게 정원 속 가든 퍼니처garden furniture로 들어오게 되는 거죠. 그 전까지는 천재 화가들이 머나먼 자연 경치를 아름답게 그리는 것만이 낭만성이었는데 18세기에는 낭만주의 정원이 등장하게 되어요. 이 사진처럼요(그림 6-1).

학생 와, 예쁘다.

임 정원은 사람들이 매일 산책하고 생활하는 일상 공간이잖아요. 그런 정원을 저렇게 손대지 않은 자연처럼 꾸미는 낭만주의 정원이 등장하죠. 그러니까 일단 낭만성이 먼저 일상으로 들어오게 됩니다. 그런데 사진을 잘 보시면 위쪽에 작은 신전 모형 같

그림 6-1 영국 런던 치스윅 가든의 그리스 신전 형태의 가든 퍼니처 1725~1738년.

은 게 있잖아요. 정원에는 여러 가지 가든 퍼니처를 놓는데요. 벤치도 놓고, 조각상도 놓고, 그중 하나로 저렇게 그리스 신전을 소품처럼 만들어서 놓는 거죠. 소품은 곧 사물이고 그래서 소품화, 사물화 같은 경향이 등장하게 되어요. 이런 게 모두 일상성의 미학에 들어갑니다. 소품과 사물은 일상에서 쓰는 물건이잖아요. 늘 손에 닿는 평범한 일상 속 물건이죠.

이런 사물의 미학, 소품의 미학, 일상성 같은 것은 지금 우리가 사는 현대문명에서 굉장히 중요하죠. 평범한 일상의 위대함, 이게 근대성을 이루는 중요한 바탕이죠. 그 전까지는 사람들의 일상을 별로 중요하게 여기지 않았어요. 고전주의 문명이나 기독교 문명 시대에는 인간 밖에서 사회적으로 정의되는 더 큰 가치가 먼저 있었기 때문에 그게 위에서 아래로 강요되었죠. 왕권 시대인 전제주의 시대도 마찬가지고요.

근데 지금 우리가 누리는 근대성의 핵심 중 하나가 개개인들, 모든 사람들의 하루하루 일상을 소중하게 여기는 거예요.

학생 그 시작이 18세기라고 보시는 거죠?

임 그렇죠. 18세기 계몽주의 시대의 낭만성에서 비롯된 걸로 보지요. 그 갈래가 여럿인데 제도나 법이나 정치 같은 걸로 풀면 혁명이 되는 거고요, 예술적으로 풀면 사물의 미학, 소품의 미학, 일상성의 미학이 되는 거죠.

학생 우리나라로 치면 궁전 정원에 있는 정자 같은, 약간 이런 느낌이에요.

학생 어, 맞아. 그 느낌이야.

임 예. 그 말은 우리는 이미 가지고 있었다는 거지요. 정자는 그야말로 아주 오랜 옛날부터 우리나라 어디를 가든 늘 있었잖아요. 지금도 제가 사는 아파트에서 문 열고 나가 5분만 걸으면 우리 단지 안에도 있어요. 세어보니 네 개나 있더라고요. 이처럼 우리 일상에 늘 들어와 있는 건데, 여기에서도 '일상'이라는 단어가 따라붙잖아요.

학생 정자동이네요.

임 정자동 ……. (웃음) 그건 우리 나이대가 하는 '아재 개그'인데요.

학생 선생님, 웃어주셔서 감사합니다.

임 그러면서 폴리folie라는 게 등장을 합니다. 우리로 치면 도심의 고층 건물 사이사이에 설치한 등나무 벤치 같은 자그마한 쉼터 공간이죠. 가든 퍼니처가 어번 퍼니처urban furniture로 바뀌며 대도시 안으로 들어온 거예요. 20세기가 되면 시민의 권리가 성장하면서 시민 개개인이 중요해지는데, 대도시에 어마어마한 도로와 수십 층짜리 빌딩만 있는 게 아니라 이런 개개인을 위한 소중한 휴식 공간도 같이 조성되는 거죠.

학생 엄청 많아요. 저런 거 엄청 많아요(그림 6-2).

학생 병원에도 있고 다 있어요.

학생 학교에도 있었어요. 초등학교 시절 등나무 밑에서 놀고 그랬는데

그림 6-2 서울 도심의 폴리, 휴게 공간

말이죠.

학생　여름에 저기 위를 보면 나무에서 벌레가 떨어져 있어 저는 잘 앉아 있지 않아요.

학생　학창 시절에 저기에서 친구랑 몇 시간 동안 얘기하고 그랬잖아요.

임　중요한 것은 대도시 안에, 수십 층짜리 빌딩 옆에 조그마하게 있다는 거죠. 이게 도시 속에서 일상성의 의미고요.

학생　너무 중요해, 소중해.

임　이게 굉장히 중요한 게, 퀵 서비스 아저씨들이 하루 종일 힘들게 일하시다가 잠깐 쉬면서 담배 한 대 피우고 하시잖아요. 옛날에 1980~1990년대에 고층 건물을 지을 때면 의무 사항이 두 가지가 있었어요. 하나가 건물 공사비나 전체 평수가 어느 선을 넘어서면 공공 조형물을 설치하는 거였고요, 다른 하나가 그 옆에 이런 휴게 공간을 두는 거였어요. 근데 요즘은 아마 없어졌을 거예요. 이런 걸 서양에서는 폴리라고 불러요.

우리는 특별히 단어를 만들지 않고 그냥 일상에서 편한 것을 추구하다 보니까 자연스럽게 나타난 건데, 서양에서는 이름을 붙여서 건물 종류 가운데 하나로 널리 만들어 썼죠. 정의를 해보면 '정원이나 도시 같은 공공장소에 배치하는 조각적인 특징이 강한 작은 쉼터용 건물'이라고 할 수 있어요. 앞에서 보았던 정원 속의 소품화한 그리스 신전도 좋은 예지요.

이게 18세기에는 가든 퍼니처의 한 종류로 있었는데, 20세기에는 대도시로 들어오지요. 그러니까 이전의 가든 퍼니처가 대도시 속에서 어번 퍼니처로 진화한 거죠. 폴리라는 게 서양 문화권에서는 도시 건축을 꾸밀 때 신경 쓰는 중요한 요소예요. 도시 속 시민들의 일상성을 위한 작지만 중요한 시설이죠. 그 출발이 바로 정원 속 소품으로 들어온 그리스 신전이었던 거죠. 그리스 신전이라는 게 수천 년 전 아득한 먼 옛날에 있었던 뭔가 이상적인 것, 인간 개개인들보다 더 높은 곳에 있는 뭔가 위대한 것으로만 알았는데 이것이 소품화되어서 우리가 일상에서 매일 만지는 사물처럼 되어서 우리 옆으로 내려온 거죠. 우리 손 안에 들어온 거죠, 일상 공간 안으로요.

학생 나 자신의 일상이 중요해지면서 그리스 고전을 일상 속으로 끌어왔고, 그 흐름이 지금까지 저렇게 이어진 거네요.

임 지금까지 이어지는 거예요. 대표적인 게 파리의 라빌레트la Villette 공원인데요(그림 6-3). 이곳은 도축장을 도심 재생을 거쳐 공원으로 만든 거예요. 여기는 수십 개의 폴리들로 공원이 구성이 되어요. 하나하나가 아름다운 조각물이라고 해도 좋을 정도로 형태성이 아주 뛰어난 폴리들이죠. 우리나라에서도 여러 건축가가 폴리를 도입을 했어요. (학생: 어디요?) 광주 충장로에 가시면 폴리들이 여러 개 있어요. 유명한 외국 건축가들도

그림 6-3 프랑스 파리 라빌레트 공원의 폴리 1987년.

참여해서 하나씩 설계를 했어요. 이게 제대로 된 건물도 아닌데 설계비나 제대로 받겠어요? 그런데도 외국의 유명한 건축가들이 참여를 한다는 말이에요. 왜냐하면 자신들의 문화 전통에서 폴리의 중요성이 크기 때문이죠. 도시 속에서 많은 사람들을 위해서 기꺼이 작품을 내놓은 거죠.

학생 선생님, 경기도 판교신도시에 가면 육교처럼 생겼는데 길을 건너는 육교가 아니고 그냥 올라갔다 내려오는 육교 같은 게 있어요. 사람들이 이게 무슨 예산 낭비인지, 왜 지었는지 모르겠다고 하는데 그런 것도 폴리일까요?

임 폴리 개념에 들어갈 수 있겠죠. 폴리치고는 좀 큰데, 폴리에 경사로 개념을 도입한 걸로 볼 수 있죠. 도심을 효율로만 보면 예산 낭비한 게 될 거고, 산책 기준으로 보면 고마운 어번 퍼니처이거나 도시시설일 수 있죠.

학생 선생님, 뉴욕의 '러브LOVE' 조각상도 폴리예요? 딱 전시되어 있잖아요, 도시 한가운데에요.

학생 근데 그건 건축물이 아니잖아요.

임 아, 암스테르담에 있는 '아이엠스테르담Iamsterdam' 같은 거죠? (학생: 예, 그런 느낌이에요) 그건 그냥 도시 조형물이고요, 폴리는 건물, 건축 구조물이어야 해요. 물론 정식 건물은 아니지만요.

현대 도시 속 일상과 폴리의 미학

학생 이 라빌레트 공원의 폴리 안에 사람이 들어갈 수 있어요?

임 수십 개 중에 대여섯 개 정도가 좀 크고 실내 공간이 있는 정식 건물이에요. 카페, 레스토랑, 안내소, 구조대 등으로 사용되는데 벨기에 브랜드의 햄버거 가게도 있어요. 폴리가 실내 공간을 가지면 안 된다는 법은 없지만, 보통은 없죠. 놀이터의 미끄럼틀 같은 걸로 보면 되어요. 라빌레트는 아무래도 넓은 공원이다 보니까 먹는 가게가 하나쯤은 편의시설로 있어야 해서 햄버거 가게를 둔 거고요. 그거 하나만 빼면 나머지는 실내 공간이 없이 그야말로 어번 퍼니처죠.

폴리라는 단어에 대해서 조금만 더 설명을 드려보면, 이 단어는 원래 프랑스어인데 영어에서도 가져다 써요. 철자는 같고요. 사전을 찾아보면 여러 의미가 있고 그중 하나가 '놀이용 건물'이라는 뜻인데 이게 지금 설명하는 목적의 시설이 되는 거죠. 잠시 쉬는 용도다 보니까 약간 쓸모없는 건축물이라는 뜻도 담겨 있기는 한데, 나쁜 뉘앙스는 아니고 그저 실내 공간이 없는 걸 반어적으로 나타낸 표현으로 볼 수 있죠.

사실 유럽 도시에는 전통적으로 폴리가 보편화되어 있다고 볼 수도 있어요. 유럽 도시에는 광장이 많잖아요. 광장에 가보면 조각물이나 분수들이 많은데 그 주변에 사람이 앉아 쉴 수 있는 벤치 같은 걸 만들면 어번 퍼니처에서 폴리가 되는 거죠. 현대 건축에서 건축가들이 이런 시설들을 시민을 위한 휴게시설로 가져다가 쓰는 거죠.

학생 선생님, 저런 폴리 제작이 집행되기 위해서는 시민들의 강한 의지가 중요한 건가요, 아니면 행정기관이 건축가들이랑 같이해야 되는 건가요?

임 둘 다 중요하죠.

학생 의지가 서로 맞물렸을 때 만들어질 수 있는 건가요?

임 그렇죠, 양쪽이 다 중요하죠. 하지만 동서양 모두 공통적으로 폴리에 대한 기본 개념은, 특히 20세기 현대 도시에서는 어느 정도 기본적으로 시민들 사이에서 동의가 형성되어 있어요. 서양은 이게 하나의 전통이기 때문에 도시를 지을 때 폴리가 들어갈 공간들을 자연스럽게 확보를 하는 편이에요. 우리도 앞에서 보았던 등나무 휴게소나 정자 같은 걸 자연스럽게 넣잖아요. 그리고 누구나 길을 가다가 편하게 이용하고요.

우리에게는 재미있는 공간이 하나 더 있어요. 오래된 주택가에 보면 조그만 놀이터들이 있잖아요. 이게 폴리가 변형된 혹은 크게 확장된 형태로 볼 수 있죠. 그러니까 우리도 이미 만들어 쓰고 있었어요. 옛날에도 마을 어귀에 큰 느티나무가 있고 그 아래에 평상이 있잖아요. 이건 지금도 시골 마을에 가면 아직도 많이들 있죠. 이런 게 모두 넓은 의미의 폴리라고 보시면 되어요. 서양은 이것을 폴리라는 단어를 붙여서 좀 형식화하여 썼던 거죠. 그래서 폴리의 미학이라고 할 수 있죠.

빙켈만의 그리스주의와 원형의 미학

그리스주의를 창시한 빙켈만

임　그리스 신전이 18세기 정원 속 소품으로, 폴리로 사용된 거에 대해서 알아보았고요. 이제 지성사의 확장에 기여한 걸 보도록 하겠습니다. 사실 폴리까지는 반드시 그리스 신전이 아니어도 되어요. 파리의 라빌레트 공원이나 우리 주변의 정자 같은 것도 전부 폴리라는 말이죠. 그리스 신전이 위대하게 여겨지는 데는 좀 더 사상적인 의미가 있어요. '원형原形의 미학'이라는 거예요.

학생　원형의 미학이요?

임　네, 원형, 오리진origin, 씨앗.

학생　저는 동그라미인 줄 알았네요.

임　아, 동그라미라는 뜻의 원형이 아니고요, 우리가 어디에서 왔는가? 뿌리, 뭐 이런 거죠. 그래서 찾아가다 보니까 서양 문명은 그리스에서 왔더라는 거죠. 우리가 서양 문명의 뿌리를 '2H'라고 그러잖아요, 헬레니즘Hellenism과 헤브라이즘Hebraism이요. 헬레니즘은 그리스 고전주의이고, 헤브라이즘은 기독교잖아요. 그중 헬레니즘의 뿌리를 찾아가다 보니까 그리스 신전이라는 거죠. 이런 발견이 18세기에 일어나는데 그러면서 원형의 미학이 등장을 하게 되어요. 이걸 창시한 사람이 빙켈만Johann Winckelmann이라는 사람이에요. 지성사에서 중요한 인물인데요, 좀 우회해서 질문을 드려보면 여러분은 미학을 좋아하잖아요. 이 미학이라는 학문이 언제 성립되었는지 아세요?

학생 빙켈만 시대인가요?

임 예. 보통 빙켈만을 미학의 창시자라고 불러요. 물론 미학이라는 개념은 어느 시대에나 있었죠. 미학이라는 게 '미美'가 뭔지를 정의하는 학문이잖아요. 그리스 시대 사람들도 미에 대한 생각이 있었을 테고 미학사 책을 보면 그리스 미학, 로마 미학, 중세 미학이라고 해서 어느 시대에나 미에 대한 관념은 다 있었는데 이것을 하나의 독립된 학문으로 정립한 사람이 이 사람이에요.

학생 미학의 아버지신가요?

임 네, 현대 미학의 아버지죠. 그런데 이 사람이 미학을 창립하게 된 대상이 그리스 예술이에요. 이름에서 알 수 있듯이 독일 사람이에요. 바티칸 도서관 사서가 되어서 일을 하는데, 여기에 엄청난 양의 유물들이 소장이 되어 있어요. 지금은 바티칸 미술관까지 포함하는 곳이죠. 다수는 로마 유물이지만 그리스 유물도 꽤 됩니다.

로마라는 도시를 보면 중세부터 정치, 경제, 사회, 문화, 예술, 학문 등 문명의 모든 활동을 지원하고 이끌어간 게 교황청이에요. 교황청이 보유한 자료가 어마어마한데, 그중에는 교황청이 그리스에서 직접 확보한 것도 있고, 그리스에서 만든 자료 원본을 로마시대에 가져와서 쓰다가 땅 밑에 묻혀버린 것을 발굴하기도 하고, 또 그리스 장인들을 데려와서 로마에서 그리스 자료의 복사품을 만들기도 하는 등등 바티칸 도서관에 가보면 그리스 자료가 굉장히 많죠.

빙켈만 이전까지는 로마 문명이 주류여서 이런 그리스 자료들을 그냥 묵혀만 두었는데, 이걸 빙켈만이 보면서 처음으로 로마 예술하고 굉장히 다른 하나의 새로운 가치를 발견하게 되어요. 그러면서 그리스 미학이라는 게 먼저 정립이 됩니다. 빙켈만이 그 핵심으로 찾아낸 게 원형의 미학, 뿌리인 거죠.

그리스주의와 로마주의의 분화

임 빙켈만이 그리스의 미학적인 가치를 거의 처음으로 찾아냈다고 말씀드렸는데요, 여기에서 미학이나 예술사 등 서양 지성사에서 굉장히 중요한 사건이 하나 벌어집니다. 바로 그리스주의하고 로마주의가 분리되는 사건이에요. 제가 대중 강연을 할 때면 자주 쓰는 비유가 있어요. 우리가 서양 문명을 열심히 받아들여서 공부를 하잖아요. 이때 가장 입문 레벨은 미국하고 유럽 문화를 구별하는 거고요, 그다음은 미국 내에서 동부, 서부, 남부, 중서부 등 각 지역의 차이와 특성을 구별하는 거예요. 유럽에서는 동유럽, 서유럽, 남유럽, 북유럽, 중부유럽 등 블록별로 문화와 예술의 차이를 구별하는 거죠. (학생: 아, 그렇구나)

이제 중급 레벨에 오르면 국가 간의 차이, 예를 들어 프랑스 건축과 독일 건축의 차이 같은 걸 이해하는 거죠. 가령 우리는 차이콥스키Pyotr Il'ich Chaikovskii를 좋아하잖아요. 근데 정작 러시아 사람들은 차이콥스키를 별로 안 좋아해요. (학생: 왜요?) 왜냐하면 러시아 사람들 말이 차이콥스키 음악은 러시아 리듬이 아니라 독일 리듬이라고 하거든요. (학생: 아, 독일이요?) 뭐, 이런 식으로 차이가 있는 거죠. 그다음에 최종적으로 고급 레벨에 가면 한 나라 내에서, 독일이라고 하면 작센 지방하고 라인란트 지방의 차이, 프랑스에서는 부르고뉴 지방과 노르망디 지방의 차이, 이런 식으로 구별을 하는 거죠.

학생　선생님은 그런 차이를 다 아시는 상태죠, 지금? 약간 '열반' 상태시죠?

학생들　(웅성)

임　그냥 조금, 조금 아는 거죠.

학생　열반은 돌아가셨다는 얘기예요.

학생　'반열에 올랐다'. 열반이 아니라 반열이었습니다.

임　이런 마지막 고급 레벨 가운데 하나가 또 그리스 건축과 로마 건축을 구별하는 거예요. 이 분화가 빙켈만을 기점으로 일어나게 되어요. 그 전까지는 고전주의 하면 '그리스는 로마의 아버지 정도 된다'라고만 알았지 세세한 차이까지는 몰랐죠. 근데 빙켈만이라는 사람이 그리스 자료를 계속 들여다보면서 이것은 로마와는 완전히 다른 또 하나의 예술 세계라는 걸 밝혀냈죠. 그렇게 정리를 하다 보니까 이게 원형의 미학이 되는 거예요.

학생 가장 큰 특징이 뭐예요?

임 이걸 한마디로 정의한 게 노블 심플리서티noble simplicity예요. 우리말로 하면 '고결한 단순미' 정도 되겠죠. 이게 사실 어마어마한 단어예요. 왜냐하면 빙켈만이 살던 때까지는 바로크 시대니까 '노블'이라고 하면 뭔가 화려하고 아름다우며 비싸게 장식하고 형식이 발전한 것을 가리켰다고요. 이 노블이라는 게 귀족들의 예술이잖아요. 우리도 지금까지 보통 이렇게들 알고 있고요. 그런데 빙켈만은 '심플'한 게 '노블'하다고 반대로 얘기를 해버린 거예요. 당시 18세기 전반부는 아직 후기 바로크와 로코코의 시대라 '노블'이랑 '심플리서티'는 양립할 수 없는 단어인데 이런 두 단어를 하나의 개념으로 합해낸 거예요.

학생 그럼 당시에 빙켈만의 주장은 기존 학계의 반발도 좀 샀을 거 같은데요?

임 맞아요. 그래서 이 사람이 미움을 많이 받아요. 왜냐하면 이 당시까지 주류 문명은 로마 문명이어서 로마주의자들 중에는 특출한 사람들이 많았어요. 거기에서 많은 비즈니스 모델도 나오고, 문화예술 분야에는 주류 기득권층도 있었는데 여기에 도전장을 던진 거죠. 그런데 여기에서 재미있는 사실이 빙켈만은 정작 그리스를 한 번도 가본 적이 없다는 거예요. (학생: 어머)

학생 예에? 에이, 욕먹을 만한데요.

임 그 대신에 바티칸 도서관에 있는 많은 그리스 미술품과 문헌 자료들을 보고서 찾아낸 거였죠.

학생 글로 배웠구먼.

임 아마도 그리스 예술을 처음 본격적으로 연구하는 상황이었고, 또 바티칸 도서관의 소장품이 충분하니까 그럴 수 있었겠죠.
어쨌든 노블 심플리서티라는 걸 건축으로 환산하면 기둥 건축이 되는 건데요. 그런데 그 전까지 2500년간 유럽 건축을 지배해 온 건 벽체 건축이었어요. 그래서 기둥 건축과 벽체 건축의 분화가 일어나고 그리스주의와 로마주의의 분화가 일어나는 거죠. 여기에서 앞서 말한 그리스 건축과 로마 건축의 차이가 나옵니다. 그리스 건축이 기둥 건축이고 로마 건축이 벽체 건축이라는 거죠.

의문의 죽음을 당한 빙켈만

학생 그럼 빙켈만이 미움을 받으면서 무사했나요?

임 무사하지 않았죠. 그리스를 한 번도 가본 적이 없는 게 문제가 아니고, 로마 한복판에서 그리스가 유럽의 뿌리라고 주장한 게 문제가 되었죠. 당시 로마에는 로마주의를 이끌던 거두 피라네시Giambattist Piranesi라는 사람이 있었어요. 이 사람은 처음에 빙켈만이 그리스 원형 같은 걸 주장했을 때 대수롭지 않게 여겼죠. 근데 프랑스, 독일, 영국 등 중요한 나라들에서 점점 빙켈만의 주장에 동의하는 추종자들이 생기고 이게 하나의 문화예술 사조로 덩어리가 커지면서 두 사람이 라이벌이 되어요.

여기서 피라네시라는 사람이 어느 정도로 대단했느냐고 하면요, 앞에서 그랜드 투어를 말씀드렸잖아요. 당시 로마에 가면 반드시 들러야 되는 곳이 두 군데가 있었어요. 요즘으로 치면 미국 유학을 가면 하버드 대학, 예일 대학을 최고로 치듯이 말이죠.

학생 아이스크림집. (학생: 피자집)

임 (웃음) 한 군데가 산루카 아카데미Accademia di San Luca라는 곳인데, 여기에는 주로 로마와 이탈리아의 건축 자료가 어마어마하게 소장이 되어 있어요. 다른 한 군데가 바로 피라네시의 개인 스튜디오예요. 여기가 얼마나 대단한 곳이었냐고 하면 이 사람한테서 로마 건축을 몇 년 배워 프랑스, 독일, 영국으로 돌아가면 거의 왕실 건축가로 스카우트가 될 정도였어요. 이 정도로 로마 문명이 2500년간 누려온 명성을 최고 수준에서 쥐고 있던 사람인데 갑자기 도전자가 생긴 거죠.

그래서 두 사람의 라이벌 관계는 유럽 예술사, 특히 전기傳記에서 굉장히 유명한 얘기가 되어요. 빙켈만이 의문의 죽음을 당했기 때문이죠.

학생 왜요? (학생: 어머!)

임 로마주의 세력 쪽에서, 아마도 피라네시 쪽에서 타살한 걸로 추정만 하죠. 그래서 51세의 나이에 세상을 떠나요.

학생 아니, 그렇다고 사람을 죽여요?

임 그만큼 치열했다는 얘기예요, 이 당시예요.

학생 어후, 너무했다.

학생 마피아들이에요, 뭐 …….

학생 얼마나 라이벌 관계가 심각했으면 그랬을까요?

임 그만큼 심각했다는 얘기죠. 지금도 그렇지만 문화예술 분야에는 많은 이익이 걸려 있고, 또 유럽 사람들은 돈도 돈이지만 원류나 원본이라는 자존심을 중요하게 여기잖아요. 개인 차원의 예술가들도 그런데 하물며 유럽의 문화예술 전체의 원형 자리를 놓고 벌어진 싸움이니까 더 치열했겠죠. 어쨌든 빙켈만은 사라졌지만 그리스주의는 독립해서 하나의 큰 흐름을 형성하게 되어요. 건축에서는 18세기 신고전주의가 그리스의 영향 아래 탄생을 하고요. 19세기에는 그릭 리바이벌Greek revival이라는 사조도 등장을 해요. 그러다가 20세기 우리가 사는 기둥 건축 시대로까지 이어지죠.

그 전까지는 그냥 '그리스·로마'를 붙여서 하나로 보았잖아요. 붙어 있던 두 단어가 떨어진 건데, 얼마나 다르냐고 하면요, 피라네시가 로마 건축의 아름다움에 대해서 주로 폐허로 남아 있는 유

그림 7-1 반니 피라네시의 『로마 유적』에 실린 〈아피아가와 아르데아티나가 교차〉 1756년.

그림 7-2 이탈리아 파에스툼의 포세이돈 신전 기원전 460년경.

적을 가지고 2000여 장의 매우 정밀한 판화를 남겨요. 이를 십몇 권의 그림책으로 출간도 하죠. 그중 한 작품이 그림 7-1이고요, 그리스 신전의 표준형이 그림 7-2죠.

학생 진짜 완전 다르다.

임 그리스주의는 가지런한 기둥이고 로마주의는 벽체 중심의 물질

덩어리와 화려한 장식이 되는 거죠.

학생 진짜 차이가 나네요.

그리스주의, 프랑스대혁명을 거쳐 현대문명의 뿌리가 되다

임 빙켈만은 "서양 문명의 원형, 뿌리는 그리스 건축의 기둥이어야 된다. 그 가치는 노블 심플리서티가 되어야 된다"라고 주장하는데, 이게 얼마나 사회에 영향을 끼쳤냐 하면 프랑스대혁명까지 연관이 되어요.

프랑스대혁명을 기존의 제도나 법의 관점에서 보면 정치적인 폭동이잖아요, 혁명이죠. 근데 이걸 정신사에서 보면 인간 본성의 가치를 획득하기 위한 투쟁이었다는 말이에요. 그래서 빙켈만의 노블 심플리서티가 루소Jean Jacques Rousseau까지 이어져요.

루소가 남긴 유명한 말이 두 개 있죠. 하나는 "자연으로 돌아가라"이고 다른 하나는 "노블 새비지noble savage"인데요, 새비지는 원시인이라는 뜻이거든요. 이 말은 노블 심플리서티와도 통하는, 같은 뜻인 거죠. 우리가 원시인이라고 하면 뭔가 미개하다고만 생각하는데, 반대로 원시인이 노블하다고 주장한 거예요. 화려한 귀족이 아니고 원시인이 노블하다는 말의 근거는 때 묻지 않은 인간 본성, 원형의 가치를 간직하고 있기 때문이죠. 빙켈만과 루소의 주장이 합해지면서 18세기에 하나의 큰 새로운 문화 흐름을 형성하게 되는 거예요.

학생 루소가 교육학자인데도 그런 말을 했나요?

임 그럼요, 교육학자라서 그런 말을 한 거죠. 우리가 지금 교육 현장에서 애들 하나하나가 다 중요한 인격체라고 여기잖아요. 지금 한국 사회가 기존의 '갑질' 문화를 타파하기 위해서 힘들게 노력하는 것도 결국 개개인이 지닌 고유한 인간의 본성 가치를 확보하기 위해서죠.

이게 서양에서는 18세기에 먼저 일어났던 거예요. 그 전까지 개개인, 평민, 시민들의 가치는 인간 밖에서 정의되는 더 큰 사회적인 가치, 그게 왕의 가치건 국가의 가치건 종교의 가치건 그거에 종속되는 하부 가치였는데요, 이때 오면서 인간의 원형적인 본성, 근본 가치를 찾기 시작하죠. 예술에서는 그리스주의, 건축에서는 기둥 건축, 교육이나 사상 분야에서는 인간의 본성, 원형 추구가 되는 거죠.

이게 시민의 권리가 되면서 프랑스대혁명까지 가게 됩니다. 정치사에서는 시민 폭동에 의해 전제 정권이 무너진 혁명이지만 지성사나 문화사에서는 낭만주의 사건으로 정의될 수 있어요. 여기서 낭만이라는 건 서정이 아니라 인간의 본성과 원형의 가치죠. 이게 바로 우리가 사는 20세기 근대문명의 중요한 뿌리예요. 근데 우리가 이걸 모른 채 서양 문명의 근대성을 자꾸 기술과 자본 중심으로만 받아들였기 때문에 지금 뒤늦게 고생하고 있지요. 이걸 우리 식으로 수정하기 위해서 지금 한국 사회가 갈등 과정을 겪고 있는 겁니다.

학생 선생님, 그렇다면 그리스주의와 로마주의는 결국에는 어느 쪽이 이긴 건가요?

학생 어? 그러게?

임 음, 그 당시에는 빙켈만이 피라네시의 반칙에 의해서, 물론 추측이지만, 죽임을 당했지요. 하지만 이후에 근대성의 뿌리까지 찾아보면 결국 빙켈만이 이긴 거죠. (학생: 그렇죠) 지금 우리가 사는 시대의 건축은 콘크리트와 철골을 기본 재료로 하는 기둥 건축이거든요. 이게 지금은 또 너무 물질 위주로 가면서 삭막해져서 문제인 거지, 출발점은 빙켈만의 그리스주의였습니다.

폐허의 미학에서 파괴의 미학으로

파괴의 미학, 부서진 모습으로 건물을 짓다

임 지금까지는 그리스 신전이 18세기에 일으킨 사회문화 영역에서의 새로운 확장을 보았고요. 이제 20세기까지 이어지면서 나타나는 또 하나의 거대한 새로운 흐름을 보도록 하겠습니다. 주로 폐허에서 시작이 되는데요, '파괴의 미학'이라는 겁니다. '파괴'라는 말은 일단 쉽게 폐허와 연관이 되죠. 폐허가 바로 파괴된 모습이니까요. 18세기에 폐허의 미학이 새로 생기는데 이때는 주로 낭만주의 풍경화의 소재로 편입이 되는 선까지만 나아갑니다. 아직 실제 지어지는 건물에까지는 적용이 안 되었다고 보시면 되어요. 건물은 아무래도 사람이 직접 들어가서 살아야 되니까 폐허 상태는 불리하겠죠. 감성적으로도 아직 다다이즘dadaism이 등장하기 전까지는 이런 모습을 건축에서 사용하기는 무리였죠.

그림 8-1 미국 캘리포니아주 새크라멘토 베스트 매장의 개장 모습 1977년.

그림 8-2 미국 캘리포니아주 새크라멘토 베스트 매장의 폐장 모습 1977년.

20세기에 들어와서 이게 건축으로까지 확장이 되는데 이걸 모아서 '파괴의 미학'이라고 부를 수 있을 것 같아요. 건축계에서는 '비정형'이라는 말을 써요. 주로 1960년대 포스트모더니즘postmodernism을 거친 뒤의 현대건축에서 가장 두드러진 첨단 흐름 중 하나예요. 비정형은 여러 가지 세부 경향이 있는데 그중 하나가 '파괴된 모습'을 사용하는 거지요. 대표적인 예를 들어보면, 이게 베스트BEST라는 미국의 마트 건물인데요. 건물 바닥에 레일이 깔려 있어요. (학생: 우와) 그래서 개장할 때는 '지지징' 해서 (학생: 굉장해요) 폐허 조각이 밖으로 나가면서 문을 열고요(그림 8-1).

학생 스페이스바를 누르고 싶어요, 느낌이. 그렇지 않아요?

임 예, 그리고 폐장할 때는 다시 '지지징' 하면 저렇게 끼워져요(그림 8-2).

학생 드래그해 가지고 딱 이게 맞춰지는 느낌이에요.

임 딱 맞잖아요, 그렇죠. (학생: 우와) 그래서 이렇게 재미있는 아이디어 소재가 된 거죠.

파괴의 미학의 최고봉, 해체주의 건축

임 폐허의 미학이 건축에서 파괴의 미학으로 발전을 한 건데 그 최고봉이 우리가 지금 아는 해체주의 건축이에요. 우리나라에서

그림 8-3 헝가리 프라하의 프레드 앤드 진저 빌딩 프랭크 개리가 설계했다. 1995년.

도 스페인 빌바오의 구겐하임미술관Guggenheim Museum으로 유명한데요, 파괴의 모습이 확실히 나타난 예로 우리나라에도 알려진 바 있는 체코 프라하의 이 건물을 보세요(그림 8-3).

학생 오, 누가 구겼나 봐요.

임 그렇죠. '구겼다'는 표현이 건물에서는 파괴의 미학이 되는 거죠. 태풍에 쓸려나가는 것 같죠.

학생 선생님, 그럼 DDP(동대문디자인플라자)도 약간 저런 쪽인가요?

임 DDP는 해체주의에서 '오가닉organic' 쪽으로 간 거예요. 비정형이기는 한데 해체주의보다는 조금 다림질을 해서 편 거죠(그림 8-4). 건축가가 하디드Zaha Hadid라는 사람인데, 몇 년 전에 타계했지요. 이 양반이 원래 해체주의로 시작을 했어요. 그래서 이

그림 8-4 자하 하디드의 DDP 2014년.

건물은 당시 언론에 우리나라에서 최초로 해체주의 건물이 지어졌다고 소개가 되기도 했는데요. 그보다는 오가닉, 즉 유기 건축이 더 정확해요. 파괴의 모습보다는 부드러운 곡선이 두드러지잖아요. 해체주의는 사실 쉽지 않아요. 시공이 어렵고 공사비가 많이 들어요.

학생 지금 프라하의 이 건물을 딱 봐도 공사비가 많이 들 것 같아요.

임 그렇죠, 똑바로 짓는 것보다 훨씬 더 들죠. 유지비도 마찬가지고요. 공간 효율도 많이 떨어져요. 더 큰 문제는 저보고 저기 들어가서 살아보라고 하면, 공짜로 줘도 정신 사나워서 못 살 것 같아요.

학생 그리고 저 안은 어떻게 꾸며야 되는 거죠?

임 실내 공간을 짜기도 어렵고 방들도 작게 나와요. 그래서 해체주의는 주로 선언적인 의미가 큰 사조죠. 로스앤젤레스에 있는 월트디즈니 스튜디오나 빌바오 구겐하임미술관 같은 이 시대를 대표하는 몇 개의 유명한 건물들은 시대의 기록으로서 의미가 있겠죠. 그런데 그런 기록이 21세기 현대건축은 비정형인 거고 그 뿌리를 거슬러 가면 18세기 폐허까지 이어진다는 거죠.

폐허의 미학이 성립된 뒤에 계속 발전해서 21세기 모델이 된 걸로 볼 수 있죠. 그러나 폐허의 한계가 분명히 있어서 선언적인 의미는 큰데 실제 현실 세계에서 문제가 있어요. 그래서 하디드도 나이가 들면서 인격도 좀 부드러워지면서 너무 뒤틀고 부수는 것보다는 좀 펴자고 해서 나온 게 DDP의 부드러운 유기 곡선이죠. 이렇게 따지면 현대의 오가닉 건축도 일정 부분은 폐허에 뿌리를 두고 있다고까지 할 수 있어요. 해체주의 건축가들을 국적, 민족, 인종으로 보면 일정 부분 폐허의 파괴적인 성격과 연관이 있어요.

해체주의 건축가를 보면 대체로 유대인들이 많아요. 서양에서 유대인들은 오랜 기간 차별을 많이 받아 반항적인 기질이 있기도 한데 이것을 집단적으로 표출한 것이 해체주의 건축이죠. 게리 Frank Ghary가 대표적인 유대인 해체주의 건축가인데 그래서 '나는 다림질은 안 하겠다'며 끝까지 반항으로 가는 거고요, 하디드는 이라크 사람이어서 좀 덜 한 거죠.

학생 어? 이라크면 서양이랑 사이가 안 좋은데요?

임 근데 이슬람권이라도 서방에 와서 활동하는 사람은 유대인보다는 덜하다고 보면 되어요.

천장을 뜯은 노출콘크리트 카페

학생 선생님, 요즘 카페 같은 데 보면 그냥 전선 그대로 있고 배관 그대로 막 드러나 있고 그러잖아요?

학생 그런 걸 노출콘크리트라고 하죠.

학생 어, 그런 것도 다 해체주의로 볼 수 있나요?

임 천장을 뜯어서 배관이 드러나고 벽도 마감하지 않아서 노출콘크리트가 드러나는 카페 말씀이시죠. 그건 약간 차이가 있어요. 그건 파괴된 모습이라기보다는 아직 완공이 안 된, 즉 미완성 상태잖아요. 굳이 이름을 붙이면 '산업주의 건축' 정도가 좋을 것 같은데, 많이 유행하기는 하죠. (학생: 맞아요)

학생 이게 원래 뉴욕 브루클린 쪽에서 온 거잖아요, 선생님?

임 그렇죠. 산업주의에 폐허의 미학이 어느 정도 합해진 걸로 볼 수 있겠네요. 제가 학생 때부터 있었어요. 제가 80학번인데 서울에서도 1980년대부터 저게 유행했어요. (학생: 정말요?)

학생 그때부터 유행했어요?

임 예, 천장을 다 뜯었죠. 이태원이나 한남동 같은 곳에 있었는데 저도 자주 갔어요.

학생 그냥 최근에 인테리어 비용을 아끼려고 그런 줄 알았는데요?

임 인테리어는 보통 마감재에서 돈이 많이 들어가는데 마감을 안 하고 놔두니까 돈이 덜 들겠죠. (학생: 그렇죠) 만약에 해체주의 건축의 문제가 비싼 공사비라면 이런 노출콘크리트 카페가 반대로 대안이 될 수도 있겠네요.

학생 저도 저런 카페를 몇 번 가보았는데 가서 앉아 커피를 마실 때마다 '내가 지금 여기 공사장에 와서 뭐 하는 건가'라는 생각이 들면서 (학생: 맞아요) 굉장히 회의적이에요.

학생 좀 성의가 없어 보여요.

임 그러니까 이런 것은 각자의 성향, 감성에 따라서 선택권이 있어요. 폐허의 미학이나 파괴의 미학은 앞서 해체주의 건물을 보며 정신 사납다고 얘기한 것처럼 개성이 강한 대신에 선언적인 의미가 강하니까요. 다다이즘 계열 같은 걸 봐도 그렇고요, 그러니까 각자 취향에 따라 선택하면 됩니다. 이런 선언적인 의미가 특히 강화된 게 다다이즘이죠. 기술과 권력 중심의 주류 문명을 강하게 비판하는 기능도 여기에서 나오는 거예요. 서양도 20세기 초까지는 다다이즘 계열의 예술이 없었다고 보시면 되어요. 그런데 문명이 발전하다 보면 적절한 비판 기능은 필요하고 그걸 다다이즘이 담당한 건데 그 뿌리가 폐허와 파괴의 미학에 있는 거죠.

이를 통해 우리는 서양 문화예술의 한 가지 특징을 알게 됩니다. 고급스럽고 정형적인 형식주의가 먼저 생긴 뒤에 그 옆에 반대되는 경향이 짝개념으로 생기는 거죠. 파괴의 미학도 그중 하나여서, 인간 문명에는 밝고 아름다운 것만 있는 게 아니며 비판적이고 고발적이고 어두운 면을 부각시키는 예술도 필요합니다. 동양권에서 어두운 면은 가급적 인간의 의지나 노력으로 극복해야 되는 대상인데, 서양권에서는 어두운 면조차도 예술 대상이 되는 거예요. 이것이 외적 형식에 치우치면 해체주의 같은 구체적인 결과로서의 비정형 모양이 나오는 거고, 조금 비판적인 해석 시각에 치우치면 다다이즘 같은 고발성 미술이 나오는 거죠. 사물과 문명을 바라보는 이런 새로운 시각들이 폐허를 거치면서 확장되었습니다.

3부

18세기 구조합리주의

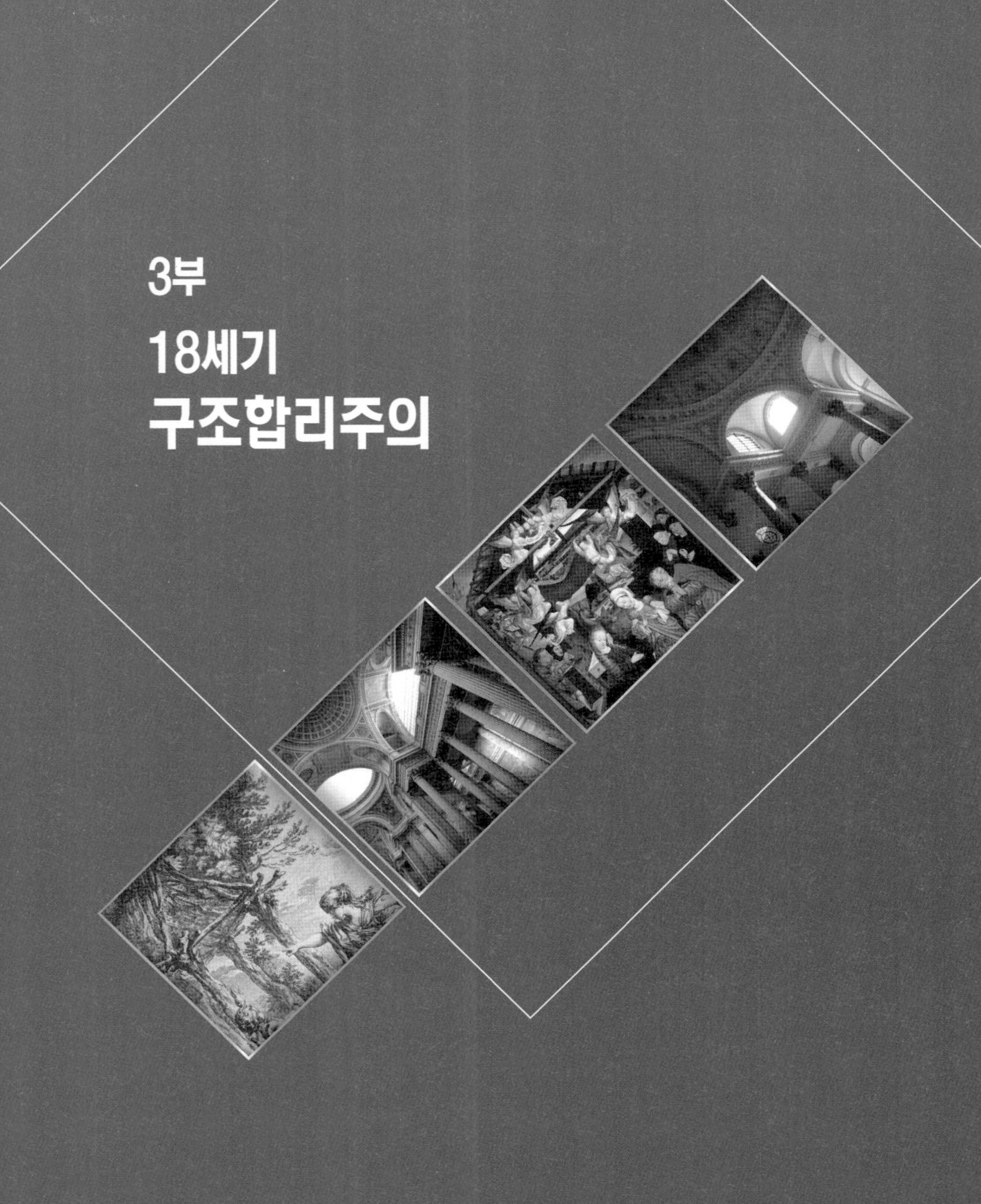

데카르트 키즈의 교황청 대성당 건물 공격

엔지니어형 건축가의 등장

임 '그리스 폐허 기념비' 수채화 그림을 보고 반응했던 두 번째 그룹인 엔지니어들의 구조합리주의로 넘어가 봅시다. 앞서 이야기한 낭만주의와 구조합리주의는 보통은 서로 반대된다고 얘기할 수 있겠죠. 구조합리주의는 공학적으로 방정식을 풀고 계산해서 숫자로 답을 내는 거고, 낭만은 효율성이 떨어지는 막연한 감성 같은 걸로 보통 얘기하니까요.

18세기에 구조합리주의가 등장하는 현상은 이처럼 전혀 다른 새로운 움직임이 나타난 걸로 봐도 좋아요. 하지만 의외로 둘 사이에 접점이 있을 수 있어요. 특히 18세기에는요. 그게 바로 앞에서 언급했던 원형의 미학이에요. 구조합리주의가 추구했던 것은 불필요한 걸 싹 빼고 꼭 필요한 것만 갖추자는 주장인데 이게 원형의 미학이잖아요. 이렇게 보면 성격이 전혀 다른 두 그룹이 같은 고민을 했던 셈이죠.
여기에서 '엔지니어형'이라는 말이 중요한데, 건축가는 시대마다 이상적인 유형이 있어요. 지금 21세기의 이상적인 건축가는 '사장님형'이에요. 비즈니스를 잘해야 되죠. 사무실 운영도 잘해야 하고, 일거리도 잘 따 와야 되고, 직원들 월급도 밀리지 않고 줄 수 있어야죠. 훌륭한 직원을 뽑으려면 월급도 많이 줘야 하고, 컴퓨터가 새로 나오면 바꿔야 되고, 프로그램도 새로 나오면 바꿔야 되고, 지금은 이상적인 건축가형이 사장님형이에요.
아주 과거에, 그러니까 18세기 이전의 이상적인 건축가형은 미켈란젤로Buonarroti Michelangelo 같은 종합예술가였어요. 건축가가 건물도 짓고 자기가 지은 건물 안에 들어가서 그림도 그리고 조각과 공예 장식도 하는 거죠, 풀세트로요. 이건 결국 건물을 무엇으로 정의하느냐의 문제인데, 이때에는 건물을 종합예술품으로 정의하고 이걸 책임지고 맡아줄 수 있는 종합예술가가 필요했던 거죠. 반면에 사장님형이라는 평가는 요즘 건물을 재산 가치, 즉 부동산으로 보는 것과 일맥상통해요. 어쨌든 종합예술가형에는 브라만테Donato Bramante나 라파엘로Sanzio Raffaello 같은 사람들도 있었고 이게 바로크의 거장 베르니니Giovanni Lorenzo Bernini까지 쭉 이어집니다.
그런데 17세기 후반에 데카르트의 영향 아래 과학혁명이 시작되면서 전혀 새로운 건축가 유형이 등장을 하게 되어요. 공학과 미적분으로 무장한 젊은 건축가 그룹인데요, 엔지니어형 건축가라고 말할 수 있죠. 이들은 건축에서의 '데카르트 키즈'라고 할 수 있습니다. 데카르트는 과학혁명의 문을 연 과학자이자 철학자였는데요, 그 영향이 너무 커서 당시 유럽에서 그의 영향을 받은 사람들이 여러 분야에서 대거 등장하는데 이들을 묶어 데카르트 키즈라고 불러요. 데카르트가 주창한 과학합리주의를 각자의 분야에 도입해서 새로운 시대를 열게 된 거죠. 이전까지 신화, 예술 중심으로 진행되었던 문화가 공학, 과학 쪽으로 넘어가게 되어요.

엔지니어형 건축가들도 대표적인 데카르트 키즈 그룹이었는데 공학도들답게 역학계산을 하면서 재료의 분량을 따지기 시작합니다. 매우 상식적인 이런 대응이 결과적으로 시대의 흐름을 완전히 바꿔놓는 대변혁의 시작이 되죠. 이들이 당시 유행하던 바로크 건축을 엔지니어의 눈으로 보았더니 말이 안 되게 재료 낭비가 심하다는 거였어요.

로마의 벽체 구조는 비효율적이다

임 예를 들어 로마 바로크 건축의 문을 연 예수회 일 제수 성당 Chiesa del Gesù을 보면 전체적으로 벽체가 너무 많음을 한눈에 알 수 있죠(그림 9-1). 그런데 이 구조가 아치arch 벽체 구조잖아요. 건축의 구조 방식은 하중을 받는 부재에 따라 크게 벽체 구조와 기둥 구조로 나눌 수 있는데 로마 건축을 대표하는 아치는 벽체 구조에 속합니다. 그러니까 이 당시까지 2500년을 로마 건

그림 9-1 로마 예수회 일 제수 성당 1568~1573년.

축이 이끌어왔다는 것은 바로 이 아치 벽체 구조 중심으로 진행되어 왔다는 말이 되죠. 그런데 새로운 공학으로 무장한 엔지니어형 건축가들의 눈에 이는 재료 낭비가 심한 구조였지요. 그러면서 그리스의 기둥 건축으로 돌아가자는 주장을 하게 됩니다.

학생 선생님, 제가 듣기로는 아치가 생기면서 기둥을 적게 세워도 되고 더 크고 멋지게 잘 지을 수 있었다고 알고 있어요. 그럼 기술적으로 더 진보된 거 아닌가요? 근데 왜 돌아갔죠?

임 아치는 양면성이 있어요. 순수하게 공학적으로만 보면 지금 얘기하신 대로 긴 거리를 기둥 없이 갈 수 있어요. 건축에서는 장스팬 long span이라고 부르는데 로마시대에 보통이 30미터였고 긴 건 60미터짜리 장스팬도 있었어요. 이건 요즘 철골구조로도 쉽게 나오기 힘든 거리거든요. 이건 주로 다리나 수로 같은 토목시설에 썼어요.

그런데 반대적인 측면도 있어요. 아치는 그리스의 기둥 구조하고 다르게 벽체면적이 많이 나오거든요. 아치의 둥근 반원의 위쪽은 전부 벽체로 채워야 되기 때문이에요.

학생 재료가 많이 든다는 말씀이신가요?

임 예, 재료도 많이 들고요, 더 중요한 건 이 벽체가 그림을 그리기에 아주 좋은 넓적한 캔버스가 되는 거예요. 그러면서 여기에 눈독을 들이는 사람들이 많이 생겨나게 되죠. 아치를 순수하게 구조적인 효율에만 집중하면 매우 실용적인 구조가 되는데 후대에 문명이 진행되면서 사람들이 그렇게만 짓지 않았던 거예요. 욕심이 들어가기 시작하면서 왕이나 황제나 교황 같은 사람들이 여기에다 그림을 그리고 장식을 집어넣기 시작한 거죠. 그러다 보니까 스팬은 짧아지고 벽체만 엄청 늘어나게 된 겁니다.

학생 교회 건물 벽에 그려진 그림들 말씀이시네요?

임 예, 기독교 성화가 대표적이지요. 액자가 등장하기 전까지는 건물 벽에 그렸어요. 이건 건축의 기원과도 통하는데, 건물의 가장 기본 기능은 사람들이 잠자고 쉬는 거지만, 고대의 권력자들이 볼 때 건물의 용도는 그림을 그리기 위한 바탕 면을 확보해 주는 거였어요. 그림이 들어가는 대형 액자 기능이었던 거죠. 기독교 시대에도 이런 전통은 계속되었어요. 그게 종합예술가가 필요했던 이유고요.

그런데 엔지니어들이 보았을 때는 그림의 필요성만 뺀다면 이건 필요 이상으로 재료를 많이 쓴 낭비가 되는 거죠. 저도 공대 출신인데, 공학도들의 기본 기질이 방정식으로 풀어서 나오는 답 이상으로 낭비하는 꼴을 못 봐요. 꼭 필요한 것 이상으로 들어가는 건 낭비로 보죠. 그리고 그 필요한 것의 기준은 공학 계산이 정해주는 거고요.

액자의 등장과 기둥 구조의 등장

임 그러면서 이 사람들이 벽체 구조의 비효율성을 비판하기 시작하고 그 대안으로 효율적인 기둥 구조를 제시합니다. 여기에서 벽체 구조와 기둥 구조의 분화가 시작이 되지요. 그리고 벽체 구조는 로마주의고 기둥 구조는 그리스주의니까 앞에서 말한 이 둘의 분화와 합해지는 거죠.

그런데 마침 이때 미술사에서 재미있는 현상이 일어나요. 액자가 등장하기 시작하는 거죠. 이전까지 그림은 거의 건물 벽에 그렸단 말이죠. 미켈란젤로가 액자에 그린 그림이 하나도 없는지는 잘 모르겠지만 바티칸 시스티나 성당Cappella Sistina 천장화도 그렇고 대부분 그림이 벽화예요. 17세기 말부터 풍경화가 나오는데 이걸 건물 벽에다 그리기는 좀 그렇거든요. 이 시기에는 또 부르주아가 등장하게 되어요. 이전까지 그림은 왕이나 귀족이나 고위 성직자처럼 전통적인 정치·종교 권력을 가진 사람들이 화가들에게 돈을 주고 그리게 했는데 부르주아라는 경제 권력을 가진 새로운 계층이 등장해요. 순전히 내 기술과 내 비즈니스로 돈을 벌기 시작하는 도시 자유 상공인 계층이죠.

이 사람들은 권력층이 아니기 때문에 내 집의 벽을 화려한 그림으로 채울 필요가 없죠. 모든 사물을 비즈니스 모델로 보는 사람들인데, 그림을 가만히 보고 있다가 '야, 이것을 액자에 그리면 들고 다니기 편하고 사고팔 수도 있겠구나'라고 생각을 하게 되어요. 그러면서 그림이 건물 벽체에서 액자로 넘어가게 됩니다. 이게 거의 비슷한 시기에 같이 일어나죠.

학생 생각해 보니 벽에는 한번 그리면 …….

임 영원히 못 떼잖아요. 일부 프레스코fresco 벽화 같은 건 떼어서 액자 같은 데로 옮길 수 있다고 하는데 그러면 색이 많이 망가져요. 그리고 보통 이렇게들은 안 하죠.

학생 계속 지겨워도 보고 살아야 되는데 액자는 교체할 수 있으니까요. 이게 합리성 측면에서도 부합하겠어요.

임 그러면서 이런 사회적인 흐름이 엔지니어형 건축가들의 생각하고 이제 맞아떨어지는 거죠.

로마교황청을 공격한 엔지니어형 건축가들

임　엔지니어형 건축가들이 자신의 주장을 세게 하기 위해서, 유럽은 한번 하면 세게 하니까요. '우리의 주장을 사람들한테 가장 충격적으로 전달할 수 있는 방법이 뭘까'를 생각하게 되어요. 이럴 때는 가장 센 곳을 들이받으면 되지요. 그래서 이 사람들이 로마교황청 대성당 건물을 공격하기 시작해요. 당시까지만 해도 유럽에서 역사적으로나 정치적으로나 가장 권위 있고 힘 있는 집단은 아무래도 로마교황청이었으니까요.

화려한 그림으로 가득 차 있던 로마교황청 건물이 재료 낭비가 심한 벽체 건축의 대명사로 공격받는 일이 벌어집니다. 이건 성 베드로 대성당Basilica Papale di San Pietro in Vaticano으로 보통 불리는 건물의 돔 부분입니다(그림 9-2). 실제로도 당시까지 성 베드로 대성당은 유럽 교회 건축의 기본 모델이었어요. 17세기 말까지 이런 돔 구조로 지은 교회가 로마나 이탈리아에는 물론이고 유럽 전역에 수백 채는 될 거예요. 마치 교복처럼 되어 있었죠.

지금은 외신에도 많이 나오고 아름다운 고전 걸작이나 문화 유적으로 전 세계인의 사랑을 받고 있죠. 이제 더는 좋다 나쁘다 하는 평가 대상에서는 벗어났지만, 당시에는 데카르트 키즈의 공격을 받는 신세였습니다. 요즘 말로 하면 "투 머치too much다. 너무 쓸데없이 벽이 많고, 재료 낭비고, 이제 그림은 벽에다 그리는 시대가 아니다"라고 공격받게 된 거죠. 한마디로 돔과 지붕을 받치는 데에 필요한 순전히 공학적이고 구조역학적인 기준

그림 9-2 로마 성 베드로 대성당의 미켈란젤로의 돔 16세기 후반.

으로만 보면 저렇게 벽이 많이 필요하지 않다는 비판이었죠.

여러 개혁 운동과 맞물리며 힘을 잃어간 교황청

학생 선생님, 저기에 들어가는 금이랑 장식품들이 되게 화려하잖아요. 그게 다 어디에서 충당이 되는 거예요?

임 기본적으로 교황청이 비용을 댔죠. 로마교황청이 했던 일들을 보면 굉장히 양면적이에요. 이미 초대교회 때부터 시작해 바로크 시대까지 천 몇백 년간 유럽 문화예술의 가장 큰 후원자가 교황청이에요. 로마나 이탈리아로 한정하면 더 그렇죠. 로마라는 도시를 건설한 주체가 교황청이에요. 돈도 다 교황청에서 대고 요즘 말로 하면 공사 발주부터 시행 감독과 사후관리까지 모두 도맡아 했죠.

반면 다른 한편으로 보면 그 막대한 돈을 마련을 해야 되는 부담이 있겠죠. 이게 중세 가톨릭이 부패하게 된 배경 중의 하나이기도 하고요. 돈이 필요하니까 면죄부를 팔고 그랬던 거죠. 로마교황청이 했던 사업들은 대부분 계약서가 남아 있는데요, 그림은 얼마에, 건물 공사는 얼마에 이런 금액도 남아 있어요. 이런 돈은 현실 세계에서 거둬들일 수밖에 없죠.

중세 때 보면 각국 국왕의 대관식을 교황청에서 승인을 해줘야 왕들이 권력을 인정받게 되거든요. 승인을 받기 위해서 한 개 주州나 심지어 작은 규모의 나라 하나를 교황청에 바치기까지 했어요. 중세까지는 이런 식으로 자금을 충당했죠.

그러다가 15~16세기 르네상스 시기가 되면, 서양사 책에는 이 시대가 뭐라고 나오죠?

학생 '암흑의 시대'요?

임 그건 중세고요. 이때를 가리켜 '대항해 시대' 혹은 '지리상의 발견'이라고 나와요. 일반적인 서양사 책의 챕터 제목을 보면요. 유럽 사람들이 유럽을 벗어나 아메리카를 비롯해서 아프리카와 아시아 등 세계 각지로 들어가기 시작하는 시기예요. 나중에 가면 북미는 아예 대륙을 통째로 점령했지만, 남미에서는 금을 많이 가져와요.

학생 교회 건물 장식에다 바르려고요?

임 물론 교회 벽에만 바른 건 아니지만, 그런 데에도 많이 썼겠죠.

학생 다른 나라에서 약탈해 온 것이라 할 수도 있는데요, 그러면서 사람들도 많이 죽었을 테고요.

임 그런 게 없다고 할 수는 없죠. 보물선인 산호세 얘기가 있잖아요. 당시에 남미에서 금을 실어 오던 배였는데 이게 스페인에 거의 다 와서 침몰을 해요. 아직까지 인양을 못 했는데 위치는 찾아냈어요. 인양을 하네 마네, 그러고 있는데요.

학생 그러면 거기에 보물도 있나요?

임 있는 정도가 아니고, 추정하기에 20조 원쯤일 거라고 주장을 하죠.

학생들 (놀람)

학생 다음 특집 때 우리가 가야 되겠다.

임 그 당시에 스페인의 1년 정부예산이 2조 원이었거든요. 아무튼 이 정도로 과한 욕심이 팽배해 있었던 거죠. 순수하게 공학적으로 재료 낭비일 뿐만 아니라 도덕적으로나 정치적으로도 문제가 많았죠. 이런 건 사실 기독교 정신하고는 안 맞는 거잖아요. 그래서 성 베드로 대성당이 교리적으로도 비판의 대상이 될 수 있는 거예요, 단순한 건물을 넘어서요. 그러면서 18세기 기독교 내부 자정운동하고 맞물리게 되어요. 유럽을 굉장히 뒤흔드는 사건이 되고 최종적으로는 종교 권력이 서서히 막을 내리는 서막이 되죠. 앞에서 18세기의 3대 혁명을 얘기하면서 기독교는 빠졌는데, 대형 혁명은 없었어도 18세기가 전반적으로 혁명의 시대였고 기독교도 내부에서 자정운동이 일게 되어요.

이신론 성직자 로지에의 원시 오두막 주장

기독교 내부 자정운동, 이신론의 등장

학생 선생님, 그러면 건축가들이 새로운 양식을 위해서 로마교황청을 공격한 거잖아요. 그럼 성직자들과도 사이가 굉장히 나빴을 거 같은데요?

임 그렇죠. 주류 성직자들 쪽에서는 눈엣가시였겠죠. 그런데 이 엔지니어들하고 똑같은 생각하던 성직자들이 있었어요. 이신론理神論이라는 기독교 교파였어요. 영어로는 데이즘deism이라고 하는데요, 기독교 교회사와 교리사 모두에서 중요한 개혁운동이었어요. 교회사는 현실 기독교의 역사이고 교리사는 신학 이론의 역사인데 양쪽 모두에 등장한다는 것은 교리 해석을 기반으로 현실 종교에서까지 변화를 꾀했던 운동으로 볼 수 있는 거죠. 그만큼 전격적인 개혁운동이었습니다.

교리적으로는 기독교 정신을 과학적이고 합리적으로 해석하자는 운동이에요. 기독교를 자연과학과 통합해 내려는 걸로 보시면 되어요. 우리는 보통 둘이 반대되는 걸로 생각하는데 둘의 접점이 있다는 생각이죠. 지금 보면 기독교하고 과학이 많이 부딪치잖아요. 과학을 하는 사람들은 『성경』에 있는 내용이 부정확하며 비과학적이고 심지어 거짓말이라고 하지요. 특히 『성경』에서 기적이라고 부르는 여러 초현실적인 현상들이 과학과 가장 많이 충돌하는 부분이죠.

학생 도킨스Richard Dawkins의 얘기처럼요.

임 그렇죠. 도킨스가 대표적인 사람이죠. 그런데 『성경』의 내용은 해석이 중요해요. 상징과 비유를 중심으로 해석을 하게 되면 의외로 과학과 합해질 수 있는 내용이 많아요. 실제로도 유럽의 기독교 역사를 보면 『성경』의 내용을, 기독교 정신을 과학과 합하려는 운동이 여러 번 있었어요. 보통 교리사에서는 자연신학이라고 불러요. 자연을 과학과 기독교의 중간고리로 본 거죠. 과학은 자연에서 나온 거고, 『성경』에도 자연에 관한 얘기가 많잖아요. 그래서 자연을 공통 매개로 삼아서 『성경』을 과학적으로 해석하려는 운동이에요.

중세에 한번 크게 융성하고 여기에서 중세를 대표하는 스콜라schola 신학이 나오게 되죠. 18세기에 다시 과학 붐이 새로 일면서 기독교를 합리적으로 해석하려는 운동이 출현합니다. 이신론의 '이理' 자는 '합리', '이성'의 '이' 자잖아요. '이치', '원리' 할 때 말이죠. 즉, 기독교가 과학혁명의 영향을 받은 건데, 이런 점에서 이신론자들은 기독교에서의 데카르트 키즈로 볼 수도 있죠.

이신론도 세부적으로 들어가면 다양한 갈래로 나타나요. 대체로 영국에서는 뉴턴Isaac Newton의 자연과학이나 경험주의 철학이 발달을 하면서 주로 이론 중심으로 나가고, 프랑스에서는 주로 실질적인 개혁운동으로 나타나죠. 교리 내용도 여러 가지인데 대표적인 걸 하나만 들면, '신은 천지를 창조해 놓고 직접 세상일에 간여하지 않고 손을 떼고 떠났다'는 거죠. 물론 세상이 잘 작동할 수 있는 시스템은 구축하고 떠난 거죠.

여기에서 중요한 게 가톨릭이건 개신교건, 범기독교 신앙의 중요한 갈래가 하나 나뉘어요. 하나님이 현실에 얼마나 간여하실까 하는 것이 기독교에서는 중요한 물음이거든요. 『성경』에 '하나님이 우리 머리카락 숫자까지 다 알고 계신다'는 말이 나오듯이 기독교의 주류에는 하나님께서 일상의 하나하나까지 다 간여한다는 믿음이 있어요. 그렇게 보면 여러분과 제가 여기에서 만난 거 자체도 다 하나님이 미리 계획하신 게 되죠. 그런데 여기에 대항하는 새로운 갈래가 하나 생긴 거예요. 한마디로 "그 정도까지는 아니다"라는 거죠. 그보다는 하나님은 선한 정신을 중심으로 돌아가는 사회 작동 시스템까지만 구축을 해놓고, 그 시스템의 범위를 벗어나서 살면 벌을 받게 만들어놓고 손을 뗐다고 주장하는 거예요.

학생　처음에 프로그래밍을 하셨지만 버그를 일일이 다 수정을 해주지는 않으신다는 말씀인가요?

학생　그게 이신론이죠.

학생　버그는 니들이 수정해라.

임　예, 저 개인적으로는 21세기 기독교가 나아갈 방향이라고 생각도 해요.

학생　과학과 어느 정도 타협을 하는 건가요?

임　타협이라는 말까지는 쓰지 않더라도, 끝까지 대립하면서 갈 일은 아닌 것 같아요. 둘이 통할 수 있는 내용도 많아요. (학생: 맞아요) 근데 서로 다른 것만 보려고 하니까 서로 틀렸다고 하게 되는 것 같아요.

특히 중세까지는 기독교가 과학까지 겸했다는 말이에요. 이게 지동설이 나오고 뒤집히는데, 그 전까지는 천동설이 과학이었잖아요. 천동설이 깨졌다고 해서 누구도 기독교 정신이 훼손되었다고 생각하지 않잖아요. 새로운 시대 발전에 따라 기독교도 수정할 수 있다는 생각이 필요하죠. 그렇지 않으면 세속 학문이 발전할수록 기독교가 세상과 겪는 갈등은 커져갈 수밖에 없어요.

어떻게 보면 이신론이 했던 주장이 21세기에 기독교의 한 모델이 될 수 있어요. 근데 이신론이 주류는 아니에요. 기독교 신앙은 지금도 하나님께 모든 걸 맡기는 게 핵심이기 때문에 "하나님이 세상에 관여하지 않는다"라는 주장은 받아들이기가 어려운 거죠.

이신론 성직자 로지에, 성 베드로 대성당을 공격하다

학생 선생님, 그러면 이신론자들이 나오면서 건축양식이 확 바뀌나요?

임 예, 이신론이 18세기 기독교에서 주류는 못 되었는데 중요한 업적을 하나 남겨요. 바로 새로운 교회 건축 모델을 제시한 거지요. 그 영향 아래 파리의 18세기를 대표하는, 교회 건축은 물론이고 파리의 건축 전체를 대표하는 파리 판테온Paris Panthéon이라는 중요한 건물을 남기게 됩니다. 여기에도 재미있는 역사 스토리가 있어요.

성직자들 가운데 앞에서 말한 엔지니어형 건축가들과 똑같은 생각을 하던 사람들이 있었어요. 건축에 관심이 많은 성직자들이었는데 이들은 교리적으로만 자연신학의 새로운 주장을 했던 게 아니었어요. 교회 건물이 비대하고 장식도 너무 화려하다고 본 거죠. 그러면서 건축가들과 마찬가지로 교황청 대성당 건물을 공격을 해요. 당시에 교황청을 공격한다는 것은 거의 뭐 …….

학생 전쟁하자는 거죠. (학생: 폭탄 진 거죠)

학생 파문당하면 사형이었다던데요?

임 중세 때는 그랬죠. 바로 종교재판에 회부되고요.

학생 하느님께 반기를 드는 거잖아요.

임 그렇게 되는 거죠. 가톨릭에서는 교황이 하느님의 대리자이기 때문에요. 어쨌든 똑같이 교황청을 공격하게 됩니다. 실제로 이 두 이신론 성직자와 엔지니어형 건축가 그룹이 손을 잡아요. 그러면서 함께 "그렇다면 교회 건물이 어떻게 되어야 하는가"라는 고민을 하게 되어요. 비판으로 끝나지 않고 대안까지 찾는 거죠.

사실 기독교, 좀 더 일반적으로 종교에서 건축은 중요하잖아요. 사람들이 모여서 제식을 거행하는 중심 공간이니까요. 지금도 목사님이나 신부님들 중에 교회 건물을 어떻게 지을지 고민을 하는 분들이 많아요. 어느 시대에나 건축에 관심 있는 성직자들이 있게 마련인데 18세기 이신론자들 중에서는 로지에Marc Antoine Laugier라는 사람이 대표적이었어요.

그는 18세기 유럽 문화사에서 굉장히 중요한 업적을 남긴 예수회 사제였는데요, 거의 건축가 수준으로 아니 그 이상으로 건축에 관심도 많고 해박한 지식이 있었어요. 건축에 관한 책도 썼는데, 여기에서 성 베드로 대성당 건물을 당시의 부패한 기독교하고 싸잡아서 공격을 해요. 즉, 앞에서 건축가들이 진행했던 건물에 대한 공격에다가 교황청과 교회 자체에 대한 공격까지 더한 거죠.

하늘을 동그랗게 생각해서 만들어낸 돔

임 로지에가 성 베드로 대성당에서 특히 공격했던 부분은 앞에서도 한번 보신 천장의 둥근 돔이었어요(그림 9-2). 16세기에 미켈란젤로가 설계해서 미켈란젤로의 돔Michelangelo's Dome으로 유명하죠. 구조적으로 보면 저건 터키 이스탄불의 성 소피아 대성당 Sancta Sophia의 돔 모델을 그대로 가져온 거예요. 건축용어로는 펜덴티브 돔pendentive dome이라고 하는데요. 성 소피아 대성당이 세워진 게 6세기니까 18세기까지면 1200년간 이 모델을 누구도 의심하지 않고 당연하게 받아들여서 반복적으로 사용해 온 거예요. 누구도 '이게 과연 타당하고 효율적인가' 하는 의심 없이 1200년을 당연하게 써온 거지요. 너무 긴 기간이었죠.
그러다가 드디어 그 1200년의 끝자락에 와서 이 모델의 효율성이나 존재 이유에 대해서 의문을 품고 그걸 공격하는 성직자들이 등장을 하게 됩니다. 건축가들뿐만 아니라 이들과 연합한 성직자들까지도요. 그만큼 이 시기가 밀레니엄 단위의 변혁기가 시작된 문명의 대전환기라고 할 수 있죠.

학생 선생님, 왜 하필 돔이 문제가 된 거예요?

임 아, 그게요. 서양 사람들이 돔을 유난히 좋아해요.

학생 돔이 무슨 의미가 있는 거예요?

임 예, 동그란 지붕이잖아요. 이글루나 철모 같은 형태죠. 이게 하늘의 이미지를 형상화한 거예요. 우리가 살아가는 세상을 보면 하늘이 있고 땅이 있잖아요. 그래서 하늘과 땅을 형상화하게 되는데, 동서양에서 공통적으로 하늘의 이미지는 둥근 걸로 땅은 네모난 걸로 봐요. 신기하게 동서양이 같아요. 당시에는 요즘처럼 천문학이 발달하지 않았고 망원경 같은 것도 없었는데 말이죠.
'천원지방天圓地方', 즉 '하늘은 동그랗고 땅은 네모나다'는 사자성어가 여기에서 나온 거죠. 이건 동양에서 나온 말인데 서양도 똑같이 생각했어요. 서양 문화는 추상적인 생각을 실제 모양으로 만들어내려는 경향이 강합니다. 그래서 동그란 이미지를 기하학적인 형태로 만들어낸 게 돔이에요. 서양에서는 돔을 굉장히 좋아해요.

원시 오두막, 로지에가 제시한 새로운 교회 건축 유형

학생 그럼 로지에가 "이런 건물 너무 과하다"라는 주장을 진짜 했나요?

임 그럼요, 주장한 정도가 아니라 이 사람은 자기 책에 아예 "성 베드로"라는 실명을 넣어 비판해요. 거기에 머물지 않고 새로운 주장을 파격적으로 해요. 성 베드로 대성당을 들이받은 것까지는 앞에 나온 엔지니어링 건축가들과 같았는데 여기에서 한발 더 나아가 새로운 교회 모델까지 제시하죠. 건축가들도 못 했던 것을 말이에요.

학생 어, 그게 뭐예요?

임 바로 원시 오두막이면 충분하다(그림 10-1).

학생들 어? 저게 교회라고요?

임 네, 로지에가 제시했던 유명한 원시 오두막 primitive hut 모델이에요. 건축사에서는 매우 중요하게 언급되는 그림이지요. 로지에의 이름까지 함께 붙여서 '로지에의 원시 오두막'이라고 불러요. "저 오두막이면 충분하다", "네 개의 기둥과 지붕만 있으면 된

그림 10-1 마르크 로지에의 원시 오두막 모델 1753년.

다"라는 주장이죠.

학생 너무 센 거 아닙니까, 이거 근데?

학생 그런데 어떤 맘인지 알 거 같아요.

학생 기독교 교리를 보면 "교회는 우리 마음속에 있다"라는 구절도 나오니까요. 저게 오히려 맞는 말 같기도 합니다.

학생 "돈 많이 쓰지 말자." (학생: 맞아)

임 다 맞습니다. 『성경』에 보시면 교회 건물에 대한 얘기들이 한 번에 정리되어 있지 않고 약간 파편처럼 몇 군데 나와요. 그런데 대부분은 "하지 말라"는 얘기가 많아요. 특히 『신약』에 오게 되면 예수님이 화려하게 지은 성전을 청소하시죠. 그런데 『구약』에 보면 구체적인 모델에 대한 얘기가 두 군데 나와요. 하나는 초막이나 장막이라는 실제 모델이에요. 초막은 「출애굽기」나 「신명기」부터 여러 곳에서 계속 나와요. 초막은 초막절이라는 유대교 전통 명절 때 광야에 간이 건물처럼 지어놓고 제사를 지내는 곳이죠. 장막은 모세가 하나님의 계시로 시나이산에 만든 천막으로 역시 예배하던 곳이고요. 그러니까 이 로지에의 건물처럼 생겼을 것 같아요. 다른 하나는 좀 더 구체적으로 건축 형식을 딱 지정한 게 「학개서」라는 게 있어요. 여기 혹시 범기독교 신자가 계시면 「학개서」라고 아세요?

학생 헛개수는 아는데요.

학생들 (웃음)

임 『성경』은 여러 책을 모아놓은 거잖아요. 개신교는 66권이고 가톨릭이 73권이고요. 그래서 각 책이 이름이 다 있잖아요. 「창세기」, 「요한복음」 하는 식으로요. 근데 「소선지서」를 보면 「스바냐서」하고 「스가랴서」 사이에 「학개서」라는 책이 있어요. 「학개서」는 유대인들이 바벨론 노예 생활에서 해방되어 이스라엘로 귀환해서 예루살렘을 재건할 당시에 쓴 책이에요. 재건 가운데는 성전을 새로 짓는 일도 포함이 되었겠죠. 이때 여호와께

그림 10-2 데릭 베게르트의 〈예수 탄생〉 1480년경.

서 선지자 학개를 통해서 그 건축을 지시하신 내용이 들어 있어요. 1장 8절인데, "너희는 산에 올라가서 나무를 가져다가 성전을 건축하라. …… 여호와가 말하였느니라"라는 구절이죠. 바로 이 로지에의 원시 오두막과 딱 들어맞죠. 의외죠. 노예 생활에서 해방되어 고향으로 돌아와 국가를 재건하는 상황이니 당연히 교회 같은 건물은 사기 진작을 위해서라도 크고 화려하게 지어야 될 것 같은데 말이죠.

더욱이 당시는 종교가 사회와 국가의 모든 것이던 시절이었고요. 하지만 이게 바로 기독교 정신의 핵심이기도 해요, 물질 욕심을 부리지 말라는 거지요. 비유적으로 해석하면, 16세기 종교개혁으로 한번 정신을 차린 기독교가 200여 년이 흐르고 18세기에 혁명의 세기로 접어들면서 또 망할 위기에 처한 상황이잖아요. 여기에서 기독교를 다시 재건해야 하는데 새로운 교회 건축 모델을 통해 그 방향을 주장한 것으로 볼 수 있죠. 로지에의 원시 오두막 모델은 기독교 미술에서도 애용되어요. '예수 탄생 The Nativity'이라는 주제를 그릴 때 배경 건물로 보통 오두막을 쓰는데요, 이게 『성경』에 따르면 초막으로 볼 수 있어요. 바로 로지에의 원시 오두막 모델인 거죠(그림 10-2).

그레코-고딕 아이디얼과 파리 판테온

그레코-고딕 아이디얼 양식의 탄생

학생 이게 그러면 그리스 신전 건축과 합한 건가요?(그림 10-2)

임 이 오두막을 보면 기둥 건축이잖아요. 그러니까 건축 구조로 분류하면 그리스 신전과 같은 계열이에요, 기둥 구조죠.

학생 이게 그럼 바로크 건축을 비판하던 사람들이 그리스 신전에서 영향을 받아 이렇게 좀 "간단하고 심플하게 가자"라고 된 거예요?

임 그렇죠. 로지에는 건축가 이상으로 건축에 대해서 잘 알고 있었고, 실제 이 사람이 쓴 책을 봐도 이 오두막을 대안으로 제시하면서 그리스 기둥 건축을 모델로 삼았다는 내용이 나와요.

학생 오두막 그림을 보면 이 밑을 다 부숴놓았어요. (학생: 오, 그렇네)

임 그렇죠. 로마의 벽체 구조를 다 부숴놓았죠. 상징적인 장면이죠,

로만 바로크의 벽체 구조를 거부한다는.

학생 선생님, 이 정도면 너무 미니멀하고 자연 자체인데 이게 실제로 그렇게 하자는 의도보다는 비판을 하기 위해서 좀 더 세게 의견을 주장한 거 같아요.

임 네, 이건 상징적인 선언이죠.

학생 저 정도면 거의 폴리잖아요.

임 오, 좋아요. 강연한 보람이 있네요. 이것도 폴리의 한 종류로 볼 수 있죠. 그래서 앞서 말한 낭만주의와 구조합리주의가 통할 수 있는 거지요. '원형'이라는 가치를 공유하면서요. 그러고 보면 이 오두막 그림에서 낭만성도 느껴지지 않나요? 고전주의의 불필요한 형식을 거부하는 점에서 구조합리주의와 낭만주의가 같은 곳을 지향한다는 사실을 압축적으로 보여주고 있죠. 어쨌든 로지에의 원시 오두막이 특히 중요하고 서양 건축사에서도 자주 언급되는 건 단순한 선언으로 끝나지 않고 현실에서 아주 중요한 업적을 남겼기 때문이에요. 매우 중요한 실제 건물도 남기게 되고요.

학생 실제 건물을요?

임 앞에서 잠깐 말했는데, 파리 판테온이에요. 그리고 더 중요한 건 그레코-고딕 아이디얼Greco-Gothic Ideal이라는 양식을 새로 창조하는 거예요. 이 얘기를 잠깐 먼저 하는 게 좋을 것 같아요. 현실 세계에서 오두막을 짓고 예배드릴 수는 없잖아요. 그래서 이신론 성직자들이 건축 지식이 워낙 많으니까 건축가들하고 손을 잡고 아예 새로운 양식을 만들어버려요. 그게 바로 그레코-고딕 아이디얼 양식이에요.

학생 그레코 ……, 뭐요? 어려워요.

임 언뜻 들으면 그런데, 하나씩 풀어보면 쉬워요. 우리가 '그레코'라는 말은 많이 들어보았어요, 그렇죠?

학생 그레코로만이라고 …….

임 맞아요. 올림픽에서 레슬링을 보면 상체만 쓰는 게 그레코로만 Greco-Roman형이잖아요. 온몸을 다 쓰는 게 자유형이고요. (학생: 빠떼루, 빠떼루) 그레코가 뭐냐면 그리스의 형용사형이에요. 영어 단어 그릭Greek과 같은 뜻이죠. 즉, 그레코로만은 '그리스·로마식'이라는 뜻이죠. 보통은 이 둘을 묶어서 보았다는 말이에요. 그런데 앞에서 말했듯이 빙켈만을 거치면서 그리스주의와 로마주의가 분리되었고, 여기에서 떨어져 나온 그리스가 고딕하고 합쳐지는 거죠. 그래서 그레코-고딕이 되는 거고요. 이런 통합이 하나의 이상적인 거라고 해서 뒤에 '아이디얼'을 붙인 거지요.

'빛', 그리스와 고딕을 통합시키다

학생 근데 왜 하필이면 합치는 게 고딕이에요? (학생: 그러게?)

학생 그냥 적당히 합의를 본 거네요. 저기 고딕 사진을 보여주신 걸 보니까 기둥도 적당히 있고 면도 적당히 있고요(그림 11-1).

그림 11-1 프랑스의 랭스 대성당 1211~1241년.

임 합의라기보다는 통합이에요. 이 '통합' 얘기는 조금 있다가 다시 할 거고요. 여기에서는 먼저 그레코-고딕부터 살펴보죠. 고딕 건축은 벽체와 기둥의 이분법으로 나누면 기둥 구조에 속해요. 이것 때문에 그레코-고딕이라는 조합이 나오게 된 거죠. 그런데 그리스 기둥 구조하고 조금 다르기는 해요.

학생 벽이 좀 있는 것 같아요.

임 그렇죠. 이 벽은 아치를 쓰다 보니까 나온 거죠. 그런데 구조 역할을 하는 핵심 부재는 중앙의 기둥이에요. 그런데 기둥이 여러 개잖아요. 그래서 '다발 기둥'이라고 불러요. 그리스 기둥 구조는 '독립 원형 기둥'이고요(그림 11-2). 반면에 문명 사조의 이름으로 보면 이 둘은 반대편이죠. 그리스는 고전주의고 고딕은 기독

그림 11-2 이탈리아 파에스툼의 바실리카 기원전 530년경.

교니까요. 어쨌든 이렇게 다르면서도 같은데, 이런 두 양식을 하나로 합해낸 공동의 끈이 기둥 말고 하나가 더 있어요. 바로 '빛'이에요. 둘을 합한 목적이 실내에 '빛', 즉 자연광을 많이 들어오게 하기 위해서였어요. 바로크 교회를 보면 빛이 없어요.

학생 네, 다 막아서요.

임 예, 벽체가 두꺼우니까 자연광이 없는 거예요.

학생 아주 텁텁하구먼.

임 그러니까 앞에서 보여드린 사진 안의 빛은 다 전등을 켠 거예요. 바로크 시대에는 촛불이나 등불을 켰겠죠.

학생 진짜 인위적인 것의 끝이었네요.

임 예, 바로 과다한 장식과 맞닿아 있는 얘기죠.

학생 빛이 있어도 금빛이고요.

임 근데 『성경』에서, 기독교 정신에서 빛은 핵심 개념이잖아요.

학생 "빛이 있으라."

임 그렇죠. 「창세기」 시작부터 빛 얘기고요. 『성경』을 관통하는 정신이 하나님도 빛이고 예수님도 빛인 거죠. 그다음에 크리스천들 하나하나가 모두 하나님의 심성을 닮고 예수님의 삶을 좇아 빛이 되어야 한다는 거고요.

한마디로 하면 욕심을 부리지 말고 절제하면서 살라는 거죠. 이런 빛의 정신이 바로크 교회의 화려한 장식을 비판하는 기준이 되었죠. 금은보화의 장식 대신에 빛으로 장식을 하는 게 교회 건축에서 하나의 이상인 거고, 이걸 구현하는 건축 형식이 바로크의 벽체 구조를 버리고 그리스와 고딕의 기둥 구조를 합하자는 거죠. 실제로도 이런 빛의 미학으로 교회를 지었던 게 바로 프랑스 고딕 건축이에요. 그림이 하나도 없이 빛만으로 가득 찬 교회죠.

이탈리아 고딕 건축은 벽체를 두껍게 해서 그림을 그렸는데, 프랑스 고딕 건축은 벽체는 최소화하고 창을 넓게 한 다음에 스테인드글라스를 붙였어요. 이게 두 문명권의 중요한 차이예요. 스테인드글라스는 빛이 없으면 그냥 까맣게 막힌 벽이랑 똑같아요. 그러다가 빛이 들어오면 하나의 그림이 되는 거죠. '빛으로 그린 그림'입니다. 그 내용도 『성경』에 나오는 얘기, 성인과 순교

자들의 얘기죠. 빛을 통해서 교회 건물이 비로소 생명을 얻게 되는 겁니다. (학생: 그렇구나)

학생 그리스 기둥의 단순함과 합리성을 추구하되 고딕의 장점은 받아들인 거군요.

파리 판테온, 그레코-고딕 아이디얼의 대표적인 건물

임 맞습니다. 그래서 이 새로운 양식 운동의 결과로 두 개의 건물이 등장을 하게 되어요. 하나가 런던에 있는 월브룩의 성 스테파노St. Stephen in Walbrook라는 교회 건물이고 또 하나가 이미 말씀드린 파리 판테온이에요. 시기로는 성 스테파노가 앞서기는 한데 대중적으로는 파리 판테온이 더 유명하고 규모도 더 크니까 먼저 보도록 하죠.

학생 판테온은 로마 아닌가요? 파리에도 판테온이 있어요?

임 예, 원래 생트 준비에브Sainte Geneviève예요. 준비에브는 파리의 중요한 성인 이름이고요. 로마 판테온처럼 돔을 써서 판테온이라는 이름이 붙은 거예요. 유럽 건축에서는 판테온이 하나의 레전드처럼 되어 있으니까 우리도 이런 게 있다고 해서 애칭으로 붙인 거죠. 이 건물은 그레코-고딕 아이디얼을 주장한 건축가와 성직자들이 합심해서 지은 건데, 유명한 공학적인 논쟁이 일어나죠. "돔을 기둥만으로 받칠 수 있을까"라는 논쟁이에요. 돔이 무게가 많이 나가거든요. 바닥면적이 있을 때 지붕면적이 가장 적게 나오는 평지붕이죠. 일대일로 대응되니까요. 이게 돔이 되면, 돔을 실제로 펴면 표면적은 바닥면적보다 훨씬 넓어지잖아요. 면적이 넓다는 건 무게도 많이 나간다는 거고요.

학생 그럼 앞에서 공격을 받았던 성 베드로 대성당의 문제도 이것 때문인가요?

임 바로 맞아요. 바로크에서 벽체 구조가 나온 것도 돔을 안전하게 받치기 위해서였죠. 그동안은 정확한 구조역학이 없던 때니까 그냥 경험적으로 안전치를 충분히 주다 보니 필요 이상으로 벽체를 많이 쓴 거죠. 더 중요한 건 그래야 그림을 그릴 면적도 많이 나오게 되고요.

그런데 18세기에 들어와서 미적분을 풀 수 있게 되고 구조역학이 정립되면서 엔지니어형 건축가들이 이걸 풀어본 거예요. 그러면서 역학적으로도 벽체면적이 필요 이상으로 과도하다는 결론을 내리게 되었죠. 즉, 기둥만으로도 돔을 받칠 수 있다는, 당시로서는 매우 급진적인 주장을 하게 되어요. 여기에서 그레코-고딕의 기둥 구조와 접점이 생기는 거죠. 이 운동을 이끌었던 수플로Jacques Soufflot라는 건축가가 "내가 기둥만으로 돔을 받쳐 보리라" 하고 나서게 되어요. 교회 건물이니까 이신론 성직자들이 종교적으로 지원사격을 해주고요. 근데 당시에 재료가 아직은 지금의 근대식 철골이나 철근콘크리트가 나오기 전이라 재료는 여전히 돌이었단 말이에요.

학생　그래서 어떻게 되어요? 성공을 해요?

임　정확히 말하면 한 70퍼센트 정도 성공이 되어요. 당시까지 건축계에서는 돌기둥만으로는 돔을 못 받친다는 게 정설이었어요. 물론 기둥을 촘촘하게 박으면 되는데 그럼 벽체 구조랑 달라질 게 없잖아요. 수플로는 이걸 깨보려고 했죠. 이번에는 거꾸로 진짜 엔지니어들이 나서서 "그거 공학적으로 안 된다"라고 해서 논쟁이 벌어져요. 보통은 엔지니어들이 진보적이고 건축가들이 보수적인데 여기서는 반대가 된 거죠. 이 때문에 판테온은 짓는 데 무려 30년이나 걸려요. 공사 기간을 빼도 한 25년은 이렇게 논쟁을 한 거였죠.

학생　사람들이 지쳤겠네요.

임　지루했을 수는 있는데, 유럽의 문화는 이런 방식의 논쟁은 사회에서 오히려 판을 깔아주고 장려하는 전통이 있어요, 역사의 한 획을 긋는 중요한 사건이다 싶으면요. 시간이 중요한 게 아닌 거죠. 논쟁 과정에서 나온 얘기들을 잘 기록하면 그게 바로 역사가 되고 문화가 되고 발전이 되는 거죠. 이게 유럽 문화의 힘이기도 하고요.

학생　그래서 결론은요? 궁금해요.

임　아, 그래서 수플로는 기둥만으로 짓겠다고 그러고 엔지니어들은 안 된다고 줄다리기를 하다가 중간에서 타협을 봐요. 물론 나중에 정밀하게 계산을 해보니까 수플로의 주장이 더 옳았다. 즉 기둥만으로 받쳐도 무너지지 않았을 걸로 밝혀지기는 하는데

그림 11-3 제르맹 수플로의 파리 판테온 1785년경.

요, 당시에는 아무래도 안전문제도 있고 해서 중간에서 타협을 해요. 제가 70퍼센트의 성공이라고 한 것도 이 때문이고요. 파리 판테온 사진을 보면요(그림 11-3). (학생: 와, 예쁘다, 진짜 멋있다) 가운데 돔이 있잖아요. 아래 구조를 보면 벽체가 많이 없어졌어요.

학생 기둥이 성공했네요?

임 벽체가 아직 남아 있기는 한데, 이 정도면 살을 상당히 뺀 걸로 볼 수 있죠. 그리고 장식도 남아 있는데 일단 면적이 확 줄어들고 기독교 성화도 거의 없어졌죠. 대부분 일반 장식이에요.

학생 그럼 그레코-고딕이 맞는 거예요?

임 예, 그레코-고딕 양식이에요. 100퍼센트까지는 아니고 70퍼센트 정도로 보면 될 거 같아요. 더 중요한 건 벽체가 줄어들면서 빛이 많이 들어오게 된 거죠. 벽체를 더 털어냈으면 빛도 더 들어왔을 테고 그러면 거의 고딕 성당처럼 되었을 거예요.

월브룩의 성 스테파노, 그레코-고딕 아이디얼 양식으로 빛을 살리다

임 근데 이거보다 더 빛을 잘 살린 게 런던에 있는 월브룩의 성 스테파노라는 교회 건물이에요. 시기적으로는 파리 판테온보다 더 빨라요. 17세기 말에 지었죠. 여기에서는 판테온보다 빛을 더 잘 구사해요.

이 건물은 렌Christopher Wren의 작품인데요. 이 사람은 원래 과학자예요. 과학에서도 업적을 많이 남겨서 과학사에도 등장을 하는 인물입니다. 그러다가 건축을 하게 되면서 영국 건축사 전체를 통틀어서 가장 대표적인 건축가로 활약을 하게 되어요.

이 사람은 그레코-고딕 양식에 속하지는 않는데, 수플로와 같은 생각을 해요. 과학자였으니까 바로크 벽체 건축을 비판한 것도 같고요. 영국의 엔지니어형 건축가를 대표한다고 보시면 되어요. 그러면서 수플로랑 마찬가지로, 그런데 시기적으로는 먼저 기둥만으로 돔을 받치는 시도를 해요. 그 결과 태어난 게 월브룩의 성 스테파노인데, 실제 지어진 걸 보면 정말로 기둥만으로 돔을 받치고 있어요(그림 11-4).

학생 어, 그렇네요. 그럼 파리 판테온은 나중에 지은 건데 왜 벽이 남

그림 11-4 크리스토퍼 렌의 월브룩의 성 스테파노
영국 런던, 1672~1687년 건축.

아 있는 거예요?

임 수플로가 틀린 게 아니고 렌이 트릭을 쓴 거예요. 실제 돔은 이 기둥으로는 못 받쳐요. 근데 렌이 원했던 건 실제로 기둥만으로 돔을 받칠 수 있느냐 없느냐가 아니라 설사 가짜일지라도 기둥만으로 돔을 받치는 모습을 구현해 보고 싶었던 거예요. 마치

무대 디자인처럼요. 그래서 이 건물에서 두 가지 트릭을 써요. 하나는 이 돔의 구조가 석조가 아니고 목조예요, 속을 뜯어보면요. 돔의 무게를 경량화한 거죠. 그리고 안쪽 면에 회반죽을 발라 우물천장을 장식해서 마치 석조 돔처럼 보이게 속인 거죠. 또 하나는 돔의 형태를 보면 완전히 동그란 반구가 아니라 밑동을 좀 잘랐어요. 돔의 생김새를 보면 아래쪽에서 면적이 많이 나오잖아요, 위로 갈수록 좁아지고요. 이렇게 밑동을 자른 걸 '접시형 돔'이라고 그래요. 이러면 무게가 한 번 더 확 줄어들겠죠. 그러면서 기둥만으로 받치는 모습을 구현한 거죠. 물론 트릭이지만요.

학생 어떻게든 해내겠다는 의지의 결과였네요.

임 진짜 중요한 건 여기에서도 빛이에요. 벽체가 줄어들면서 사이사이에 창문이 많아지고 그 사이로 빛이 쫙 들어옵니다. 렌이 진짜 보고 싶었던 거였죠. 순도는 좀 떨어지지만 형상적으로 모습을 구현하고 그걸 통해 '빛'을 살려내려고 했어요. 렌은 빛을 기독교 정신과 18세기 과학합리주의가 만날 수 있는 접점으로 보았어요. 과학자였으니까요. 특히 천문학자라서 더 그랬을 거예요.

화해와 합리성

기술의 발전은 선택의 폭이 넓어지는 것이다

그레코-고딕, 고전과 기독교의 '화해'

임 그레코-고딕 아이디얼을 좀 더 거시적으로, 즉 문화사 차원에서 해석하면 그 중요성은 더욱 확실해집니다. '그레코'와 '고딕'의 두 단어를 하나로 합했다는 게 핵심이에요. 두 단어는 2H의 한쪽씩을 대표하잖아요. 그레코는 헬레니즘을, 고딕은 헤브라이즘을요. 근데 유럽 문화사에서 이 둘은 일단 대립 구도를 이뤄요. 특히 가장 상위 레벨의 타이틀이 붙은 단계에서 그렇죠. 기독교 쪽에서 고전은 이방 종교죠? 반대로 고전주의에서 기독교는 바바리안barbarian, 미개인이라고 그랬다는 말이에요. 그러다가 18세기에 와서 둘의 '상호 교합'이 일어나는데, 대표적인 게 그레코-고딕 아이디얼이 되는 거죠.

학생 옛날에는 서로 싸우고 죽였는데, 이제 '짬짜면'이 되었네요.

임　짬뽕과 짜장면의 상호 교합이 짬짜면이죠. (웃음) 상호 교합이란 상위 레벨에서 대립 관계에 있는 사항들이 하위 레벨에서는 서로 왔다 갔다 하는 거예요. 어떤 하나의 체제가 있을 때 표면으로 내거는 타이틀이 상위 레벨을 이루고 이것을 실제로 구성하는 세부 요소들, 디테일들이 하위 레벨을 이루죠.

상위 레벨은 타이틀이니까 대립이 되는데 하위 레벨은 실제 생활 현장과 현실에서 작동하기 때문에 서로 교류가 일어날 수밖에 없어요. 사람이 산다는 게, 사회라는 게 그렇잖아요. 편을 갈랐다고 서로 섞이지 않는 게 아니라는 말씀이에요. 이런 걸 상호 교합이라고 부릅니다. 제가 만들어서 쓰는 말이에요. 매우 좋아하는 말이고 역사를 해석하고 분석할 때 유용한 시각이에요.

학생　좋은 것만 다 …….

임　맞아요, 그 얘기를 하려는 거예요. 상호 교합의 목적은 인간을 이롭게 하자는 거예요. 타이틀에 얽매이지 말고, 요즘 한국 사회로 치면 '진영'에 갇히지 말고, 중립적이고 객관적인 차원에서 인간과 사회에 이로운 목적을 먼저 정하자. 그리고 그것에 필요한 거면 이쪽에서 좋은 거, 저쪽에서 좋은 것을 가져와서 합하자. 이러는 거죠.

이런 걸 역사에서는 '화해reconciliation'라는 말로 써요. 대립되던 두 가지가 말 그대로 서로 화해하고 손을 잡는다는 뜻이에요. 이런 화해가 18세기에 활발하게 일어나요. 보통 18세기를 계몽주의의 시대라 그러는데 그 중요성 가운데 하나가 이런 화해, 즉 상호 교합이 본격적으로 일어난 데 있어요. 이게 19세기 변증법까지 발전을 하게 되는 거고요. 19세기에 오면 헤겔Georg Wilhelm Friedrich Hegel의 정반합正反合이라고 해서 정과 반이 늘 싸우고 대립하는 게 아니라 좋은 점을 모아 하나로 합해지면서 더 발전할 수 있다고 하죠.

더 중요한 건, 제가 오늘 하고 싶었던 얘기 가운데 하나는 이런 화해의 정신이 지금 우리가 사는 20세기 현대문명의 본질 중 하나라는 거예요. 근대성을 기술과 자본 하나로 몰면 그 본질을 모르는 게 되죠.

학생 저도 싸웠던 친구랑 화해해야겠다는 생각이 드네요. (웃음)

임 네, 지금 한국 사회에 이 화해가 꼭 필요해요. 자꾸 진영 대립으로 가면서 화해의 정신과 거꾸로 멀어지는데 이건 근대성의 본질을 기술과 자본으로만 좁혀서 본 데 따른 후유증이나 부산물 같은 거라고 봐요.

화해의 정신은 요즘 인문 사회학에서 많이 얘기하는 '디페랑스différence', 즉 '차이의 미학'과도 통해요. 대립 구도를 풀면 나와 다른 상대방도 싸워 이겨야 될 적이 아니라 그저 서로 다른 것이고, 한발 더 나아가서 교합 가능성을 가진 파트너가 되죠. 지금 한국 사회에 많이 부족한 것이 이런 차이의 미학이고 그렇다 보니 갈등 지수가 세계적으로 높게 나오는 거죠.

합리성의 교훈, 꼭 필요한 것만 갖추자

학생 그러면 결국 구조합리주의자들이 승리를 했다고 봐도 되나요?

임 그렇죠. 18세기 그리스 건축이 현대 기둥 구조의 뿌리가 되었어요. 요즘 우리가 짓는 건물은 대부분 철근콘크리트하고 철골을 사용한 기둥 구조잖아요. 이게 로마주의와 벽체 구조가 붕괴되고 그리스주의가 부활하면서 시작된 걸로 볼 수 있죠.
더 파고들어 가면 이런 공학 구조의 문제가 아니고 문화사적인 가치관의 문제이기도 해요. 이걸 문화적인 용어나 인문학적인 용어로 바꾸면 '합리성'이 되지요. 합리성이란 '꼭 필요한 것만 갖추자'는 의미예요. 이걸 공학 구조적인 관점에서는 '재료, 즉 자원의 낭비 없이 효율적인 구조로 지어진 그리스 신전'이 되고요. 기둥 건축의 원래 취지가 물질 사용이 과다한 것을 절제하자는 거였잖아요. 그러니까 절제의 미학이죠. 합리성에는 여러 의미가 있는데 이런 절제의 미학이 18세기 과학 정신에서 본 합리성이죠. 그리고 그 모델을 그리스 신전에서 찾았고요.

학생 그 오두막 그림이 많은 내용을 담고 있네요(그림 10-1).

임 맞아요. 이 둘은 '꼭 필요한 것만 갖추자'는 합리성을 보여주는 대표적인 그림이에요(그림 12-1, 그림 12-2). 강연을 시작하면서 처음에 보여드렸던 '그리스 폐허 기념비' 수채화(그림 2-1)랑 같은 책에 수록된 그림이지요.

학생 와, 둘이 전혀 달라요.

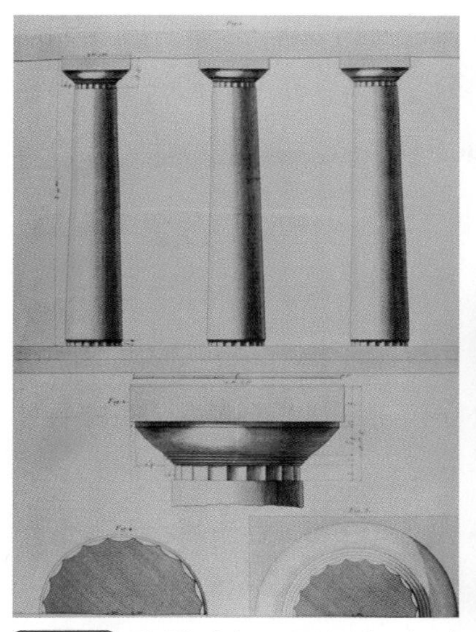

그림 12-1 쥘리앵 다비드 르루아의 『그리스의 가장 아름다운 폐허 기념비』에 수록된 도리스식 기둥

그림 12-2 클로드 페로의 이오니아식 기둥 표준형 그림

임 겉으로는 그렇게 보이죠. 그리스 신전에서 전혀 다른 걸 함께 본 건데요. 사실 이 둘이 '원형'의 미학을 공통 매개로 삼아서 하나로 합해진다고 말씀드렸죠?

학생들 아.

임 그런데 엔지니어링 건축가 그룹을 이끌었던 페로Claude Perrault의 책에 나오는 그림을 보면 그리스 신전에 대해서 같은 얘기를 하고 있어요(그림 12-2). 르루아의 그림은 도리스Doris식 기둥인데 이게 장식이 하나도 없는 가장 단순하고 기본적인 기둥이에요(그림 12-1). 페로의 그림은 이오니아Ionia식인데 이건 장식이 많은 기둥이면서도 꼭 필요한 장식을 보여주지요. 결국 그리스 폐허에서 찾아낸 것과 똑같은 내용을 성직자와 건축가들이 모두 함께 주장하는 겁니다.

학생 어쨌든 18세기에 들어서 그리스 신전의 원형이 그동안에 있었던 건축의 거품을 싹 걷어내 주었던 거군요.

임 네, 그러면서 중요한 통합을 이뤄내는 거죠. 우선 엔지니어와 성직자가 손을 잡잖아요. 이신론이 추구했던 종교와 과학의 통합이 실제 일어난 거죠.

합리성은 또한 방금 얘기한 화해의 정신과도 합해진다고 볼 수 있어요. 고전주의와 기독교라는 두 거대 문명이 대립하고 갈등하다 보면 비합리적으로 가기 쉽죠. 자신을 과다하게 드러내기 위해서 필요 이상으로 과장을 하게 되죠. 객관적 사실이 아닌 부풀리기와 요즘 말로 하면 '가짜 뉴스'도 동원하게 되고요. 이걸 합리성으로 되돌리기 위해서는 '화해'를 해야 합니다. 인간에게 도움이 되는 하부 내용끼리 손을 잡는 거죠. (학생: 그게 상호교합이죠) 그러다 보면 '꼭 필요한 것'만 남게 됩니다.

변질되어 버린 기둥 건축, 극단으로 가고 있는 현대문명

임 이처럼 지금 우리가 향유하는 근대성이라는 게 사실은 절제와 합리성으로 시작이 되었는데요. 이걸 건축적으로 보면 기둥 구조가 핵심인 거죠. 그런데 오늘날 현실은 다르게 흘러가고 있어요. 이게 산업자본주의랑 합해지면서 부의 중요한 축적 수단이 된 거죠. 부동산으로 변질이 되었어요.

학생　결국 부동산이네요. (웃음)

임　현대자본주의에서 부동산은 돈이 나오는 굉장히 큰 통로, 산업 분야잖아요. 이쪽으로 흘러가면서 우리가 보통 현대 대도시라고 하면 '회색 도시'를 떠올리는데 그 핵심은 바로 '기둥 구조로 지어대는 콘크리트 덩어리'에 있죠. 누구나 쉽게 빨리 지을 수 있고 건축비도 내려가면서 물량 공급에는 많은 기여를 했는데 공간 환경의 질 문제에서는 거꾸로 가게 된 거죠.

학생　너무 '가성비'를 추구한 결과네요.

임　네, 20세기를 거치면서 도시 건축이 지나치게 자본화되면서 생긴 문제로 볼 수 있죠. 기둥 건축이 양면적인 거죠. 18세기에 처음 부활되었을 때는 그 전에 있던 한계, 바로크의 과도한 '투 머치' 문화의 한계를 대체하는 순기능이 있었는데, 이게 20세기를 거치면서 지나치게 산업화되고 자본화되면서 부작용을 낳고 말았어요. 현대문명과 현대건축이 이런 양면성의 위험을 조화롭게 극복하지 못하는 쪽으로 흘러가면서 많은 문화학자들과 사회학자들, 심지어 이제는 경제학자들까지 21세기 자본주의 문명의 한계를 예견하기 시작합니다. 양면성 가운데 한쪽으로 극단적으로 흘러가면 위험해지는 거죠.

학생　대안은 없는 건가요?

임　20세기 후반부터 도시에서도 포스트모더니즘쯤에 해당되는 새로운 흐름이 나타나고 있어요. 요약하면 인간, 즉 시민 개개인을 위한 공간을 만드는 방향이에요. 그 방향은 양면성을 조화롭게 합해내는 화해의 정신에 있죠.

제가 언젠가 한 학교에 가서 오늘과 같은 강연을 하고 질문을 받는데 어떤 학생이 그래요. "저는 공대생인데요, 오늘 엔지니어링 건축가들의 얘기를 들으니까 기술이 이렇게 문화적으로 해석될 수 있는 데 대해서 감명을 받았다. 제가 지금까지 알고 있던 기술과는 전혀 다르다"라고 하더라고요. 그 학생은 과학기술이 방정식을 푸는 걸로만 알고 있었는데 다른 세계가 있음을 본 거겠죠. 이게 21세기 과학기술이 나아가야 할 방향 중 하나입니다.

그래서 제가 학생의 의문에 대한 답으로 멈퍼드Lewis Mumford라는 미국의 문화학자 얘기를 해주었어요. 멈퍼드는 1920~1930년대에 활동했던 사람인데요. 세계 대공황을 맞아 기술이 자본화로 확 쏠리면서 인간과 사회 문명을 본격적으로 타락시켜 가기 시작하던 때였어요. 이걸 보고 기술이 휴머니즘 쪽으로 가야 된다고 주장을 했던 사람이에요. 근데 사실 기술 휴머니즘의 원류를 거슬러 올라가 보면 18세기 계몽주의에 다다르고, 그 뿌리는 다시 그리스의 '기술' 개념에서 온 거죠.

기술의 발전은 선택의 폭이 넓어지는 것이다

임 얘기는 결국 '기술'의 의미로 귀결이 되죠. '기술이 발전한다'라는 게 뭘 뜻할까요? 보통 세상 사람들은 기존 것을 다 없애고 무조건 새것으로 가는 뜻이라 생각하기 쉬워요. 옛날 것은 쓸모가 없어졌으니까 전부 새것으로 싹 바꾸는 게 잘살게 되는 걸로 생각하기 쉽다는 말이에요. 역사학자인 제가 볼 때는 그렇지 않아요. 기술 발전을 이런 쪽으로 몰고 가면 사회가 불행해져요. 기술이 발전한다는 것은 '선택의 폭이 넓어지는' 거라고 봐요.

메뉴가 많아지는 거에 비유할 수 있어요. 분식집에 가보면 60여 가지 메뉴가 손바닥만 한 주문표 안에 다 들어 있잖아요. 저는 밥 먹으러 갈 때마다 이렇게 많은 메뉴를 한 식당에서 만들 수 있다는 데 놀라고는 해요.

학생들 맞아, 맞아, 맞아.

임 아무튼 메뉴, 레퍼토리가 다양해지는 게 기술 발전의 본질이라고 생각해요. 이전 게 없어지지 않고 지금 시대에 등불이 되는 교훈의 내용으로 압축되어 여전히 남아 사용되고 함께 가는 거죠. 이게 역사의 본질이기도 하고요.

그런데 오늘날 기술과 자본 문명이 여전히 부족하며 한계가 있고 자꾸 자본주의의 붕괴 얘기가 나오는 이유 중 하나가 레퍼토리를 하나로 몰아가는 데 있다는 거죠. 옛날 것을 전부 지우다 보면 지금 것도 언젠가 다른 것으로 대체되면서 지워지고 말 거예요.

부동산이나 기술, 이게 우리의 모든 것을 대체할 수는 없습니다. 기술과 자본은 절대 인간의 본성 가치를 대체하지 못합니다. 이건 고전과 전통의 영역에 속하니까요. 문명이 발전한다는 것은 사람들이 인간 본성의 가치를 정의하고 서로 존중해 주는 메뉴가 다양해지는 거죠. 선택의 폭이 넓어진다는 것은 '다양성'이 되는 거고, 사실은 여기에 현대문명의 운명이 달려 있다고 봅니다. 단순히 상품만 다양해지는 것이 아니고 인간 본성에 대한 존중이 다양해지는 거죠.

이게 요즘 유행하는 '융합'의 진정한 의미이기도 하고요. 요즘 융합을 보면 자본이 개입해 새로운 기술 상품을 개발하기 위하여 단순히 기술 차원에서 이것과 저것을 엮는 쪽으로만 쏠리는 것 같은 위험성이 보여요.

융합의 진정한 의미는 18세기에 있었던 화해의 연장선에 있다고 생각해요. 화해의 정신에서 시작해 차이의 미학을 거치면서 성숙해진 상태인 거죠. 화해는 대립되는 두 가지가 대립을 풀고 상호 교합하는 거고요. 이게 두 개에서 개수가 많아지면 화해라는 말로는 설명이 안 되잖아요. 이것이 지금 우리가 사는 융합의 시대입니다. 그 목적이 단순히 새로운 기술 상품의 개발이 아니고 인간을 이롭게 한다는 정신이 되어야 하지요. 우리 시대의 매우 중요한 교훈을 18세기 합리성의 정신에서 배울 수 있습니다. 우리는 지금 그 한복판을 통과하고 있는 겁니다.

4부

19세기

메트로폴리스 운동

19세기 대도시의 등장과 중심 공간의 문제

19세기 제국과 근대적 대도시의 등장

임　자, 이제 19세기로 넘어가 봅시다. 이 시기가 되면 그리스 신전의 주제가 사회적으로 한번 크게 확장이 되어요. 우리가 20세기와 비교할 때 18세기하고 19세기를 보통 하나로 묶어서 얘기를 해요. 20세기가 본격적인 근대문명이 시작된 시기인데, 18~19세기는 그 전 단계라 그래서 '프레pre'라는 접두어를 붙여요. 그래서 '프레 모던', 즉 '전근대' 시기가 되죠. 20세기는 지금 우리가 구가하는 산업 기술과 자본 문명이 완성에 이르고 일상생활까지 모두 바꿔놓은, 구체적인 결과물들이 나오기 시작한 시기죠. 18~19세기는 이것을 준비한 시기였고요.

그런데 18세기와 19세기에 한정해서 비교해 보면 두 세기가 또 한 번 굉장히 다르게 나타나요. 그 차이는, 18세기는 실험적이고 다양한 운동이 시도되면서 세 번의 중요한 혁명을 남긴 세기였고요, 19세기는 그 결과물들이 하나로 합해지는 시기예요. 과학혁명과 산업혁명이 하나로 합해지면서 산업자본주의가 등장을 하고 계몽주의 시기의 다양한 문화운동들도 하나로 쫙 모아지지요.

이렇게 모아지는 것을 이끌었던 주체가 제국이에요. 19세기에 들어서자마자 제국이 등장을 해요. 나폴레옹 1세의 프랑스 제국이 먼저 등장해 나폴레옹 3세가 물려받고, 영국에서도 대영제국이 등장을 하고, 독일은 좀 늦지만 1871년에 통일되면서 바로 그해에 제국을 선포해요. 19세기는 단연 제국의 시대가 되는 거죠.

학생들 (끄덕끄덕) 18세기와는 전혀 다르네요.

임 제국 간의 경쟁이 치열했죠. 그러다가 제1차 세계대전과 제2차 세계대전까지 간 거였고요. 경쟁에서 이기기 위해 모든 국력을 최대한 한곳으로 집중시키게 됩니다. 18세기 다양성의 시대에서 효율과 집중의 시대로 넘어간 거죠.

19세기 문명은 18세기처럼 순수하고 사상적이고 이상적인 운동이 아니라 현실에서 진짜 싸움판이 벌어지는 거죠. 그러면서 건축도 완전히 바뀌게 되죠. 당시 건축가들한테 주어진 새로운 과제도 여러 가지였는데요, 그중에 가장 중요한 것이 우리가 지금 사는 근대적인 대도시, 메트로폴리스metropolis라는 게 유럽에서 최초로 모습을 드러내기 시작해요. 그 전까지의 도시 체제하고 완전히 다른 거였죠.

1760년대에 영국에서 산업혁명이 일어나면서 19세기는 1차 산업혁명 시대가 되지요. 지금 우리 시대를 두고 4차 산업혁명이라고 그러잖아요. 1차 산업혁명의 핵심 두 가지가 뭐죠?

학생 증기기관이요.

임 예, 하나는 내연기관이죠. 다른 하나는 제조업에서의 기계 자동화입니다. 사람의 손으로 직물을 짜던 걸 기계가 대량생산 하기 시작하죠. 근데 둘은 결국 같은 얘기예요. 대량생산 하는 건 물건을 팔기 위해서이고 그러려면 물건을 대량으로 실어 날라야 하는데 마차로는 부족해서 내연기관, 즉 증기기관차가 등장하게 되죠. 이렇게 물건을 가득 실은 기차가 향하는 곳은 당연히 인구 밀집지대인 대도시겠죠. 이와 함께 기계 자동화가 되면서 노동력이 필요해지고 그러면서 아예 대도시 안에 공장을 짓게 됩니다. 이러면서 근대적인 대도시가 형성되는 거죠. 기차가 먼저 들어오고 그다음에 대도시 자체의 인구가 늘면서 지하철이 뚫려요. 런던 같은 경우 1860년대면 이미 지하철이 뚫려요. 일종의 1호선이겠죠.

자동차는 좀 늦게 발명이 되어요. 19세기 말, 거의 1900년이 다 되어서야 등장을 해요. 대신 그 전에 마차 버스가 등장을 하지요.

학생 몇 인승이었나요?

임 한 20인승이요. 말 여러 마리가 끌지요. 이런 건 산업화와 인구 증가가 손을 잡고 일어나는 현상이에요. 어느 나라나 산업화 초기에는 이래요. 이러면서 유럽의 19세기 도시 상황은 이전하고는 완전히 달라집니다. 길부터 엄청 넓어져요. 20인승 마차 버스가 다녀야 되니까요. 지하철도 뚫리고 기차가 돌아다니면서 역도 새로 생기고 인구가 폭발적으로 늘고 이제 철골이 건축에 들어오면서 건물도 커지기 시작하죠. 모든 상황이 바뀌면서 도시가 한번 확 뒤집어집니다. 우리가 사는 근대적인 대도시의 기본 골격이 유럽은 19세기에 먼저 잡히게 되어요.

근대적인 대도시의 중심을 종교 공간으로 유지한 19세기 유럽 건축가들

학생 그리스 신전은 어떻게 되나요?

임 그리스 신전은 사라지지 않았어요. 아니, 오히려 더 크게 활약을 하게 되어요. 이렇게 바뀐 환경 속에서 건축가들한테 주어진 책무가 여러 가지인데, 그중 하나가 처음 맞는 대도시의 중심 공간을 무엇으로 잡는가였어요. 당시 유럽 건축가들은 이걸 정신적인 공간으로 잡아요. 여전히 이상적인 생각을 유지한 거죠.

이게 무슨 얘기냐 하면요, 우선 중심 공간이라는 말부터 설명해 보면 어느 시대에나 도시에는 항상 중심이 있게 마련이에요. 이건 인간 사회의 본능 같은 거로 볼 수 있지요. 도시의 대표 건물을 염두에 두고 중심 공간을 만들어야 사람들이 심적으로 안정이 되고 도시도 잘 돌아가죠. 고대 전제주의 시대에는 왕궁이 그런 곳이었고 중세에는 성당이 있는 광장이 그랬죠(그림 13-1). 이런 곳에 사람들이 모여서 도시 생활을 하는 거죠.

19세기에 대도시가 등장하면서 똑같은 과제가 건축가들에게 던져져요. 새로운 대도시의 중심 공간은 뭐로 할 것인가? 후보들

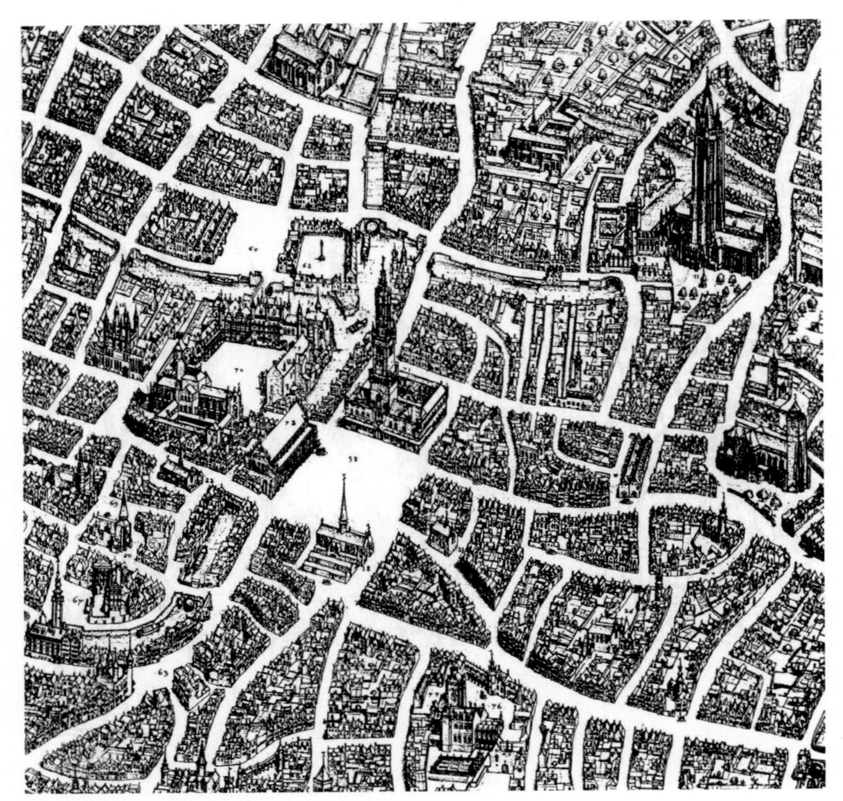

그림 13-1 벨기에 브루게의 중세 모습과 중앙 광장

은 여럿이었겠죠. 일단 상업 공간이 유력한 후보였겠죠. 산업자본주의가 새롭게 등장하고 부유한 상류층이 형성되면서 이 사람들이 소비를 하고 돈을 쓸 공간이 필요해진 거죠. 요즘으로 치면 쇼핑몰 같은 건데, 아케이드arcade로 불리는 이런 공간들이 실제로 등장을 해요. 백화점도 이때 등장을 하고요. 그다음으로 중요한 후보는 산업혁명의 총아인 기차가 들어오면서 기차역이 떠올랐어요. 그리고 제국 시대니까 관공서 건물도 중요해지고요. 물론 이런 건물들은 실제로 필요한 것들이라 건축가들이 만족은 시켜주죠. 그런데 중심 공간으로는 인정을 하지 않아요. "건축적으로 의미가 있는 중심 공간은 여전히 정신적인 공간이어야 된다"라는 생각을 지키게 되죠. 정신적인 공간은 일단 종교 건물이 일차 후보가 되겠죠. 유럽에서 그건 그리스·로마시대에는 신전이었고 중세에는 기독교 교회였죠. 이 두 모델을 그대로 가져와요.

중심 공간에 문화 공간을 하나 더하다

임 그리고 시대가 변한 만큼 하나를 더 추가해요. 문화 공간이죠. 중심 공간에 대한 19세기의 새로운 버전이라 할 수 있어요. 이렇게 해서 이전의 종교 공간 하나에다 문화 공간까지 더해지면서 두 개로 확장이 일어나죠.

학생 그걸 따로 지칭하는 말이 있어요? 예를 들어서 교회는 딱 교회다, 이런 게 있는데 선생님께서 말씀하신 거면 종교적인 시설도 있지만 여기에 문화도 같이 융합된 뭔가 하나의 또 다른 버전이 새로 탄생하셨다고 했잖아요.

학생 그런 중심지를 뭐라고 따로 불렀나요?

임 아, 그것을 굳이 따지면 대형 공공 문화시설 정도로 부를 수 있을 것 같아요. 박물관, 공연장, 미술관, 도서관 등이 대표적이죠. 이런 시설들이 매우 대형 사이즈로 새로 지어집니다.

이런 중심 공간을 정하는 문제는 도시사에서는 19세기 유럽 이상도시 운동의 한 갈래로 볼 수 있어요. 19세기에 인구가 폭발적으로 늘고 도시가 확 커지면서 새로운 도시 모델이 필요해졌는데요. 크게 세 갈래로 볼 수 있어요. 첫째는 도시 인구가 늘어나니까 일단 집을 많이 지어주자고 해서 산업사회주의 쪽에서 이상도시를 물량 중심으로 전개해요. 둘째는 이것보다 훨씬 더 아이디얼하게 기독교 건축가들을 중심으로 교회가 중심이 되는 신도시를 꿈꾸죠. 마지막 셋째가 지금 얘기하고 있는 거예요. 실제 대도시의 중심을 종교와 문화 공간으로 잡는 현실적인 운동이죠.

학생 저런 문화시설은 이때 처음 등장하나요?

임 그렇게 볼 수 있어요. 역사의 아이러니 같은 건데, 19세기 제국의 산물로 볼 수 있어요. 19세기 제국조차도 양면성이 있었다는 거죠. 일단 부정적인 측면이 많잖아요. 굉장히 전근대적이고 정치적으로 보면 전제적이잖아요. 황제가 전권을 휘두르고, 특히 식민지지배를 한 점을 보면 말이죠. 우리도 당했고요. 정치 이데올로기로 보면 굉장히 부정적인 비판의 대상이죠.

반면에 제국이 중요한 업적을 남긴 긍정적인 측면도 있어요. 우리가 지금 아는 근대적인 통일국가가 시민들에게 해주는 여러 기본 서비스가 이때 많이 구축이 되었어요. 대표적인 게 보편교육이죠. 18세기까지는 의무교육 같은 개념이 없었어요. 사람들이 교육을 전혀 안 받았죠. 또 다른 중요한 게 지금 얘기하는 대형 공공 문화시설을 많이 지은 거예요.

지금도 유럽에서 파리, 베를린, 런던, 빈, 마드리드, 암스테르담

그림 13-2 독일 베를린의 구국립미술관
프리드리히 아우구스 스튈러가 설계했다. 1866~1876년 건축.

등 각국 수도에 가보면 대형 박물관, 미술관, 공연장, 도서관 같은 시설이 중심을 이루잖아요(그림 13-2, 13-3). 로마는 더 말할 필요도 없고요. 이게 로마만 빼고 대부분 19세기에 지어진 것들이에요. 이런 과정을 거치면서 19세기 근대적인 대도시에 와서 도시의 중심 공간이 종교와 문화라는 양두마차로 형성되지요.

그림 13-3 프랑스 파리의 오페라 거리 사진 정중앙이 파리 오페라하우스다.

정신적인 공간이 여전히 도시의 중심 공간이어야 한다

새로운 도시 모델이 필요했던 19세기 건축가들

임　　지금까지 살펴본 것처럼 19세기 건축가들이 근대적인 대도시의 중심 공간을 종교와 문화로 잡았는데요, 더 큰 숙제가 기다리고 있었어요. 이것을 실제로 구현할 도시 모델을 찾아서 정하는 거였어요.

학생　　이제 알겠어요. 19세기 건축가들이 레퍼런스로 삼은 게 바로 그리스 신전이지요?

임　　네, 이번에도 많은 건축가가 도시 모델을 그리스 신전에서 찾았어요.

학생　　근데 신전하고 근대적인 대도시하고는 연관성이 좀 없어 보이는데요?

임　　정확히 보셨어요. 이번에는 모델이 건물이 아니고 도시이기 때

그림 14-1 그리스 린도스의 아크로폴리스 상상 복원도 19세기.

문에 정확히 말하면 그리스 도시를 모델로 삼은 거죠. 그리스 도시를 보면 공통점이 있어요. 신전이 도시의 중심에 있었다는 점이죠. 여기에서 신전하고 연관성이 생기는 거예요. 도시 모델에서도 신전이 여전히 중요한 역할을 하게 되는 거죠. 19세기 근대적인 대도시에 그리스 도시가 모델이 될 수 있었던 것은 중심에 신전이 있었기 때문이죠. 결론적으로 '신전이 중심 공간에 있는 그리스 도시'가 모델이 되었어요.

두 장의 그림을 비교해 봅시다. 하나는 강연 시작 때 보았던 '그리스 폐허 기념비' 수채화고요(그림 2-1), 다른 하나는 19세기에 어느 프랑스 고고학자가 린도스라는 그리스 도시를 발굴한 뒤에 그린 상상 복원도예요(그림 14-1). 차이가 뭘까요?

학생 …….

임 여러 가지인데요. 그림 2-1은 우선 개별 건물이 중심이죠. 그리고 폐허 상태를 있는 그대로 그렸고요. 그래서 이게 18세기에 그리스 신전을 바라보던 유럽의 시각이었어요. 대표적인 내용이 지금까지 본 낭만주의와 구조합리주의 두 가지였지요.
그림 14-1을 보면 같은 신전인데 많이 달라지죠. 개별 건물에서 도시와 사회 단위로 확장이 되어요. 폐허가 아니고 온전한 건물이고, 있는 그대로가 아니라 매우 아름답고, 이상적으로 각색이 되어요. 색도 밝고 희망적이죠. 이게 19세기 유럽이 그리스 신전을 바라보던 시각이었어요. 도시의 중심에 뿌리박고 있는 …….

아테네, 신전이 도시 중심을 이루는 이상도시 모델

학생 아테네도 이랬어요?

임 네, 똑같았어요. 그리스 도시들은 거의 이랬어요. 우리도 잘 아는 아테네를 볼까요. 클렌체 Leo von Klenze라는 19세기 독일 건축가가 그린 아름다운 상상 복원도인데요(그림 14-2), 중간의 언덕이 아크로폴리스잖아요. 그 한중간 높은 곳에 파르테논 신전이 딱 버티고 있고 아래쪽이 도시 광장인 아고라지요. 이 사진은 1960년대에 만든 복원 모델이에요(그림 14-3).

학생 재건축한 거예요? 전부 새 건물이에요.

그림 14-2 레오 폰 클렌체의 아테네 아크로폴리스 상상 복원도 1846년.

그림 14-3 그리스 아테네의 복원 모델 아크로폴리스 언덕과 그 아래에 아고라가 있다.

임 아, 모델이에요. (웃음) 복원 모델. 그림이나 모델이나 모두 신전이 중심에 있는 게 보이죠. 파르테논 하나가 아니고 아래쪽 아고라에도 중심에 신전이 여러 개 있다는 말이죠, 그렇죠?

이렇게 그리스 도시를 들여다보았더니 신전이 개별 건물로서의 교훈만 지니고 있는 것이 아니라 사회 전체적으로도 도시에서 중심 공간을 차지하고 있다는 걸 알게 되어요. 지금은 이게 매우 상식적인데 이런 사실을 처음 알게 된 게 어떻게 보면 19세기예요. 18세기 수채화를 그릴 때는 아직 그리스의 도시까지 발견하기 전으로 자연 상태에 있는 신전 폐허만 보았던 거고요. 19세기에 고고학 발굴이 도시까지 확장이 된 거죠. 건축가나 화가들이 고고학자들과 함께 쫙 그리스로 들어가서 여러 도시들을 발굴을 하게 되어요.

학생 저런 그림들이 19세기에 그린 것들이라고요?

임 네, 우리가 아는 근대적인 고고학은 19세기에 발전을 하게 되는데 이게 기본적으로 제국 체제의 산물이에요. 제국 간에 경쟁이 치열했는데 역사도 중요한 요소였죠. 각 제국이 우리나라가 더 훌륭하다고 주장하기 위해서 자기들 역사가 이만큼 길고 찬란했다는 것을 증명해야 되니까 국가에서 고고학 발굴을 엄청 지원을 했던 거죠.

그리스는 여러 제국들의 약탈 대상으로 전락하면서 고고학 발굴의 타깃이 되죠. 물론 일부 학자들은 좀 더 순수한 학문적인 목적으로 발굴을 하기도 했지만요. 어쨌든 19세기에 그리스의 여러 도시를 묘사한 이런 상상 복원도들이 수백 장 그려져요.

그림 14-4 독일 뉘른베르크의 중세 모습 중앙 언덕에 교회가 있다.

각 도시의 구도는 아테네를 하나의 이상적인 모델로 삼은 것으로 대부분 비슷해요. 그리고 이런 그리스 도시들이 다시 19세기 유럽 도시 운동에서 하나의 이상적인 모델이 되죠. 신전을 중심으로 주변에 다양한 사람이 모여 사는 구도입니다. 중심 공간을 정신 공간이 딱 잡아주고 그 정신 공간에 의해서 나머지 여러 세속적인 일들이 돌아가는 모습이죠.

그래서 그리스 시대가 사람들이 정신적으로 건강하지 않았을까, 여러 학문과 예술이 꽃피웠던 것도 도시 사회의 정신적인 건강성에 기인하지 않을까 하는 추측을 해봅니다. 물론 그리스 시대에도 노예제도가 활성화되었고 차별이 심했고 많은 부정적인 내용들이 있지만 그런 건 빼고 장점, 좋은 점을 찾아서 이상화한 거죠.

어떤 면에서는 앞에서 보았던 중세 기독교 도시의 중심 공간 모델도 이런 그리스 도시에서 온 걸로 볼 수 있어요(그림 13-1, 14-4). 중세 광장의 중심에 성당이 있는 도시 구도조차 사실은 그리스 때 아크로폴리스 모델을 그대로 가져와서 중심 건물의 종류만 바꾼 거죠.

그리스 탁선소, 신전 중심 공간의 결정판

임 이게 전부가 아니에요. 그리스 시대에 신전이 사회에서 중심 역할을 했던 더 강력한 사례가 있어요. 일종의 결정판 같은 거죠. 탁선소託宣所라는 곳이에요.

학생 탁선소요? 탁아소는 들어보았는데요?

학생 배를 만드는 데요?

임 그건 조선소고요. (웃음)

학생 그 '선' 자가 배 '선' 자인 줄 알았네요.

임 유명한 야구선수이자 감독 중에 선동열이라는 분이 있잖아요. 그분의 성씨인 '선宣' 자가 탁선소에 쓰인 것과 같은데 '베풀다'라는 뜻이에요. '탁託'은 '맡기다'는 뜻이고요. 합하면 '맡기면 베푸는 곳'이 되는 거죠. 영어로는 '오라클oracle'이라고 하죠.
그러니까 교외나 자연 속에 여러 개의 건물로 이뤄진 일정한 단지를 만들어요. 여기에서 제사도 지내고 사람들이 휴양 내지는 힐링을 하러 가는 거죠.

학생 오라클이라고 하면 신탁이라는 뜻 아닌가요?

임 맞아요. '신에게 맡긴다'는 신탁 개념이에요. 그래서 '탁선소'가 되는 건데, '신神' 자리에 '베푼다'는 뜻의 '선'이 들어간 거지요. '신이 베푼다'는 뜻이 되니까 대표적인 종교 공간인 거죠. 기능으로 보면 종교적인 힘에 의지해서 휴양과 힐링을 하는 곳이 됩니다.

학생 복합 문화 공간인데요?

임 종교성을 지우고 요즘을 기준으로 보면 복합 문화 공간이라고도 할 수 있겠네요.

학생 스파도 되죠? (학생: 온천도 있고요)

임 스파는 ……. (웃음) 그리스·로마시대에는 목욕시설들이 많이 있었죠.

학생 숙박도 되나요?

임 당연히 숙박도 되죠. 그래야 되니까요.

학생 리조트구나. 조식도 나오나요?

임 리조트는 맞는데요, (웃음) 어쨌든 핵심 기능은 신전을 중심으로 한 정신적인 힐링이었어요. 한번 가면 2, 3년씩 있다가 오고 그랬어요. 옛날에는 시간이 천천히 흘러갔잖아요. 요즘처럼 하루이틀 휴가 같은 게 아니라요, 실제로 아픈 사람들이 많이 갔어요. 그래서 많이들 치유가 되어서 오고, 학자들도 가서 공부하

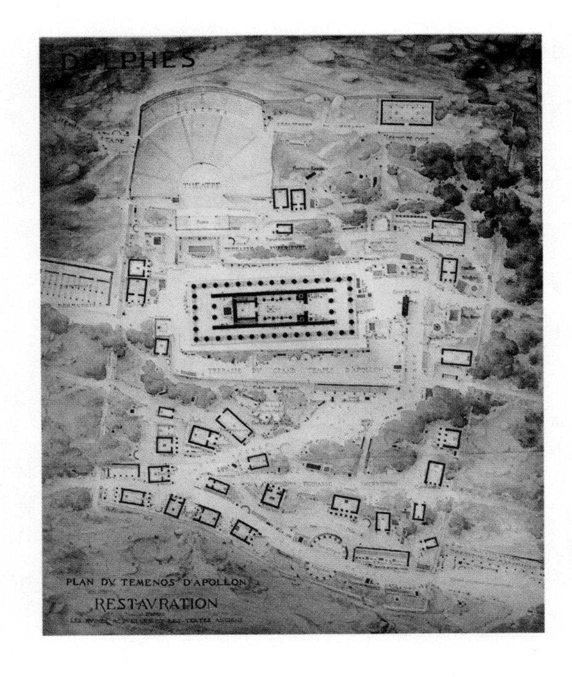

그림 14-5

그리스 델포이의 탁선소 배치도
19세기 복원도.

다가 오고 그랬어요. 도시에서 약간 벗어났지만 완전 시골은 아니고요. 델포이라든가 지금 우리가 아는 그리스의 대표적인 도시 교외에 이런 탁선소 단지가 있었죠(그림 14-5).

학생　그 유명한 델포이 신탁 같은 게 여기에서 다 나온 거군요?

임　예, 그렇죠. 그러면서 '정신적인 중심 공간'이라는 유럽 사람들의 이상적인 도시 모델이 됩니다. 그럼 여기에서 퀴즈를 하나 내볼까요? 이 세 그림 말입니다(그림 14-1, 14-2, 14-5). 공통점이 뭘까요? 사실 이미 다 얘기는 나왔어요.

학생　중심에 신전이 있어요.

임 예, 그렇죠. 신전이 중심에 있죠.

학생 중간에 신전이 딱 중심을 잡아주네요.

도시의 중심을 정신적인 공간으로 지켰던 19세기 유럽 건축가들

임 그렇죠, 중심을 잡아주죠. 이걸 더 일반화하면, 지금까지 얘기했던 정신적인 공간이 도시의 중심이 되는 구도인 거죠. 종교의 종류를 보면 그리스 신화냐 기독교냐 하는 구별은 19세기에 오면 무의미해져요. 종교 공간으로 일반화되는 거죠. 왜냐하면 산업자본주의라는 더 큰 문명이 생겨버려서 그래요.

이미 기독교에서도 19세기에 물신物神이라는 단어가 나와요. 사람들이 더 이상 하나님을 섬기지 않고 물질의 신, 즉 돈을 섬기게 되었다는 겁니다. 이런 상황에서 고전주의냐, 기독교냐, 누가 정통이냐를 따지는 것은 의미가 없어져 버린 거죠. 다 합해서 정신적인 공간으로 일반화하는 게 더 합리적이 된 거예요. 거기다 정신적인 공간에 종교 공간만 있는 것이 아니고 앞에서 말씀드린 대로 문화 공간이 하나 더 들어오는 거죠.

학생 그럼 이런 걸 계획을 세우고 시행을 한 주체가 정부인가요?

임 19세기에는 제국 정부였죠. 중요한 건 예산, 돈을 댄 쪽인데 이건 대체로 부르주아 세력이 담당을 해요. 대도시의 중심 공간을 새로 조성하려면 돈이 필요한데 이걸 돈을 많이 번 일종의 신흥

부자인 부르주아들이 댔던 거죠.

여기에서 유럽 문화의 중요한 특징 중에 한 가지를 말씀드려야 되는데요, 문화예술이 권력이 되는 전통이에요. 예를 들어 왕이 예술에 조예가 깊으면 정치권력이 세져요. 유럽은 경우에 따라서 정치가 문화예술을 중심으로 돌아가는 상황도 생기곤 하죠. 지금도 유럽 각국의 정치 지도자들이 정상회담을 하면 자기들끼리 예술 얘기를 많이 해요. 이때 이 분야에 조예가 깊은 지도자라면 다른 나라 지도자들이 높이 쳐주는 거죠. 그 정상의 권력을 인정해 준다고 할까요? 정치권력이란 결국 사람한테서 나오는 것이기 때문에 사람들이 권력을 어떻게 인정해 주느냐는 중요한 문제죠.

19세기 유럽 부르주아들의 상황도 비슷했어요. 산업혁명 이후에 공장을 세워서 큰돈을 번 신흥 계층인데, 그럼에도 불구하고 우리가 살아가야 될 근대적 대도시의 중심 공간은 공장이나 백화점이나 기차역이 아니라 종교 공간이고 문화 공간이어야 된다고 생각했어요. 그래서 도시계획에 돈을 낼 때 그렇게 하도록 조건을 달았던 거죠.

파리, 베를린, 런던의 중심 공간

19세기 근대적인 대도시의 대명사, 파리

임 이제 유럽의 대표적인 도시 세 곳을 예로 봅시다. 가장 먼저 파리죠. 파리는 19세기에 확 뒤집어져요. 우리가 지금 열광하는 파리의 도시 모습은 사실 대부분이 19세기에 만들어진 골격이에요. 물론 노트르담 대성당Cathédrale Notre-Dame이나 루브르 궁전 같은 중세와 르네상스 건물도 있지만 이런 건 얼마 안 되어요. 사실 저 같은 도시 건축 전공자가 볼 때 파리는 약간 젊은 도시이자 어린 도시죠. 진짜 아버지는 로마고요.

어쨌든 파리가 19세기에 한번 확 뒤집어져요. 변화의 문을 연 건 나폴레옹 1세였어요. 19세기에 들어오자마자 파리의 북서 지역에 유명한 개선문Arc de triomphe de l'Étoile 세워요. 나폴레옹이 황제가 되고 싶어서 로마제국의 개선문을 모델 삼아 큰 규모로 짓지요. 문화 건물은 아니지만 19세기 파리의 중심 공간과 관련해서 중요한 한 가지 출발점이 있어요. 바로 방사형도로죠. 파리의 독특한 도로 체계인데 19세기 파리의 중심 공간은 방사형도로의 초점 자리를 꿰차고 형성이 되거든요. 그만큼 중심성이 강화되는 건데, 나폴레옹의 개선문이 출발점이 되죠.

지금 보시면 벌써 강한 초점이 형성되잖아요(그림 15-1). 이걸 초점으로 삼아서 도로가 방사형 모양으로 뻗어나가죠. 지금은 12개의 도로가 뻗어나가니까 열두 거리인 셈이죠. 처음 나폴레옹이 만들 때는 한 여섯 거리쯤 되었어요.

이런 방사형도로는 요즘 우리나라에도 많이 들어와 있어요. 로터리rotary나 라운드어바웃roundabout이라고 부르는데 아직은 주로 지방 국도 교차로에 쓰고 있어요. 이게 교통량이 많지 않을 때는 신호등보다 체증이 적게 일어나요. 근데 교통량이 많아지면 신호등보다 불리해지지요.

19세기 파리만 그런 게 아니고 유럽의 주요 도시들을 보면 대부분 방사형도로가 만들어져 있어요. 빈이 가장 대표적이고 파리도 만만치 않죠. 로마, 런던, 베를린, 암스테르담 등 우리가 아는 유럽의 주요 도시들은 이런 방사형도로 체제예요.

이 개선문 사진을 보면 위쪽으로 쭉 뻗은 도로가 유명한 샹젤리제Champs-Élysées 거리고요. (학생: 아, 샹젤리제) 거리 끝에 녹지가 있는 데가 튀일리 궁전Palais des Tuileries 자리인데 지금은 공원이에요. 바로 이어서 루브르 궁전이 있지요.

학생 그쪽 근처에 쁘랭땅 백화점이 있어요.

임 그런 백화점은 19세기 말에 생겨요. 라파예트랑 쁘랭땅 같은 백

그림 15-1 조르주외젠 오스만 남작의 파리 재개발 결과 탄생한 파리 개선문 주변의 방사형도로

화점들이요. 나폴레옹은 오래 집권하지 못했고, 그나마도 전쟁 하느라고 정신이 없어서 파리의 도시 개발을 많이 진행시키지 못해요. 이걸 한 게 그의 조카 나폴레옹 3세였죠. 30~40년 정도 지나서 19세기 중반에 나폴레옹 3세가 이어받아서 파리를 완전히 뒤집어요.

나폴레옹 3세는 처음에 대통령으로 시작했다가 황제가 되었는데 즉위하자마자 유명한 파리 재개발 사업을 시작해요. 그게

1850년대였죠. 이걸 총괄한 이가 오스만Georges- Eugène Haussmann 남작이라는 사람이어서 보통 '오스만 재개발', '오스만 파리', '파리 오스만 재개발' 등 그의 이름을 넣어서 여러 가지로 불러요. 이 사람이 10년 이상 총지휘를 하면서 파리를 완전히 바꿔 놓죠. 나중에 자금 횡령 문제로 불명예스럽게 물러나기는 하지만요.

일종의 19세기 버전의 신도시 사업이었죠. 개선문을 중심으로 방사형도로가 난 '오스만 파리' 사진을 다시 봅시다(그림 15-1). 우리가 지금 파리에 관광을 가서 열광하는 곳이 대부분 여기에 몰려 있어요. 개선문, 샹젤리제 거리, 파리 오페라하우스Paris Opéra, 그리고 조금 전에 언급되었던 백화점들도 여기 다 있지요.

그 전까지는 파리의 거리도 중세의 꼬불꼬불한 골목길이 대부분이었어요. 유럽의 오래된 중세 도시에 있는 골목길들이요. 근데 파리의 30퍼센트 정도를 철거하고 요즘과 같은 불바르boulevard나 애비뉴avenue라고 불리는 넓고 쭉 뻗은 대로大路로 싹 바꾸죠. 이 재개발을 할 때 파리에서도 사람들이 많이 죽었어요. 반대하고 저항하는 사람들을 제압하는 과정에서 그렇게 된 거죠.

파리의 새로운 정신적인 중심 공간, 오페라하우스와 마들렌 교회

임 이때가 되면 파리 부르주아들이 자신들이 돈을 대서 재개발한 신도시 구역의 중심 공간을 정신적인 공간으로 만들어야 한다

그림 15-2 프랑스 파리의 마들렌 교회 공중 전경

는 주장을 강하게 펴요. 그 결과, 두 곳의 중심 공간이 만들어져요.

하나는 마들렌 교회Place de la Madeleine예요. '오스만 파리' 사진에서 11시 방향에 연두색 지붕 건물이 보이시나요? 옆으로 긴 건물이에요. 이 사진은 그 부분만 공중에서 찍은 거고요(그림 15-2), 또 하나는 10시 방향쯤에 있는 파리 오페라하우스, 보통 설계자 이름을 붙여서 오페라 가르니에Opéra Garnier라고 부르는 건물이에요. 이 사진은 이 건물을 위에서 본 거고요(그림 15-3). 오페라하우스는 앞에서 사진을 보았죠(그림 13-3).

두 건물을 보면 모두 하나의 초점을 이루고 있는 게 보이죠. 그러면서 초점에서 방사형도로가 갈라져 나오고요. 우리로 치면 '부도심' 같은 걸로 볼 수 있죠. 영등포나 청량리 같은 일종의 '2차 도심'이죠. 파리는 부도심이 이 마들렌 교회와 오페라하우스가 됩니다. 종교 공간과 문화 공간이 새로운 근대적인 대도시의 중심 공간으로 딱 자리를 잡은 거죠.

학생 정말 그렇네요. 건물을 중심으로 여기저기 초점이 보여요.

임 나중에 가면 문화 공간이 하나 더 들어와요. '오스만 파리' 사진에서 1시 방향쯤에 큰 유리 건물 두 개가 보이잖아요(그림 15-1). 그랑 팔레Grand Palais와 프티 팔레Petit Palais라는 건물인데요. 1900년 파리 만국박람회 전시관 건물들이죠. 보통 박람회 건물은 끝나면 철거하는데 저건 놔둬서 전시 공간으로 아직도 잘 쓰고 있어요. 즉, 마들렌은 교회, 오페라하우스는 공연장, 여기에 전시장까지 더해져 종합 세트로서 완성도가 높아지죠. 우리가 파리를 위대하다고 여기는 힘이 여기에서 나옵니다.

개인 취향에 따라 파리의 장점과 매력을 다양하게 볼 수 있는데, 저 같은 도시 건축 전공자에게는 바로 이런 점이 핵심적인 내용을 차지하지요.

그리고 마들렌 교회는 기독교 양식이 아니라 건물까지도 그리스 신전 양식으로 지었습니다. 건물 이름을 모르고 보면 파리 시내에 그냥 그리스 신전 하나가 있는 것처럼 보여요(그림 15-4).

그림 15-3 프랑스 파리의 오페라하우스 공중 전경

그림 15-4 프랑스 파리의 마들렌 교회 1807~1842년 건축.

학생 어, 정말 그렇네요.

학생 오페라하우스도 그런가요?

임 오페라하우스 건물은 그리스 신전은 아니고, 네오 바로크 Neo-Baroque라는 프랑스 전통 양식이에요. 이 얘기는 길어지니까 오늘은 넘어가죠.

학생들 네.

20세기에도 이어지는 문화 공간의 전통, 파리 퐁피두센터

학생　어쨌든 도시계획을 하면서 핵심 건물을 저렇게 교회랑 공연장을 먼저 생각하고 지었다는 게 인상적이네요.

임　인상적이라는 평가는 유럽이 문화예술을 중심으로 돌아간다는 좋은 증거인 셈이죠. 유럽이 전 세계에 끼친 영향은 양면적이에요. 식민지도 많이 침탈하고 했지만 자기들끼리 도시를 일굴 때에는 문화나 종교 시설 등을 중심에 두는 전통이 있지요.

학생　그럼 20세기에 오면 그 전통도 끝나는 건가요?

임　웬걸요. 그걸 끝까지 안 놓고 가지고 있는 게 유럽입니다. 이런 예들이 20세기까지 유럽 도시들에서 계속 이어져요. 물론 요즘에는 유럽도 종교 공간은 생명이 다한 느낌이고 대신에 상업 공간이 많이 개발되었지만, 문화 공간만큼은 도시의 중심에 놓는 전통을 끝까지 유지하고 있어요.

학생　아, 그렇구나.

임　파리도 마찬가지예요. 파리의 20세기 건물에서 가장 유명한 게 뭘까요?

학생　에펠탑 la Tour Eiffel 이요?

임　에펠탑은 19세기죠. 20세기의 파리를 대표하는 건물은 퐁피두센터 Centre Pompidou 입니다(그림 15-5).

학생　선생님, 이게 지금 완공이 된 건가요?

그림 15-5 프랑스 파리의 퐁피두 센터 1977년 건축.

임 (웃음) 예.

학생 공사가 중단된 채 그대로 있는 거 같은데요?

임 이미 40년 전에 완공된 거예요. 1970년대에 후반에 지은 거거든요. 40년간 이런 상태로 있지요.

학생 이건 해체주의 아닌가요?

임 해체주의는 아니고 하이테크 양식이에요. 말 그대로 첨단기술의 이미지로 만든 거예요.

학생 일부러 이런 거라고요?

임 예, 일부러 이런 거예요. 중요한 건 이게 미술관이라는 사실이고요. 개발된 양상이 조금 전에 본 오페라하우스와 같다는 거죠.

그 앞에 광장까지 갖추면서 문화 공간이 또 하나의 중심 공간, 그러니까 부도심으로 개발이 되었거든요. 시대가 바뀌었으니까 건축양식과 버전이 요즘 유행으로 바뀌기는 했지만, 여전히 문화 공간을 도시의 중심 공간으로 개발하는 전통은 이어지고 있어요. (학생: 멋있다)

베를린의 박물관 섬, 아테네 아크로폴리스를 가져오다

임 파리를 좀 길게 보았는데요, 프랑스의 문화 역량이 어디에서 오는지 알 수 있습니다. 프랑스 파리를 보았으면 라이벌인 독일 베를린을 안 볼 수 없죠. 베를린도 19세기에 도시계획을 많이 실행해요. '오스만 파리'만큼 크지는 않았지만 도심을 중심으로 종교 공간과 문화 공간을 개발하는 것은 같았어요. 물량으로만 보면 이 두 공간의 크기와 개수는 파리를 능가할 정도였죠.
가장 대표적인 게 작은 섬 하나를 통째로 박물관 단지로 만들어버린 경우예요. 박물관을 무려 다섯 개나 짓고 이름도 무제움인젤Museum Insel, 그러니까 '박물관 섬'이라고 지어버려요. 베를린을 보면 슈프레강이라고 강이 하나 있어요. 넓지 않은 강인데, 여기에 작은 섬이 하나 있어요.

학생 우리로 치면 여의도 같은 건가요?

임 여의도보다는 노들섬에 가깝죠. 지도 보시면 파리 센강 가운데

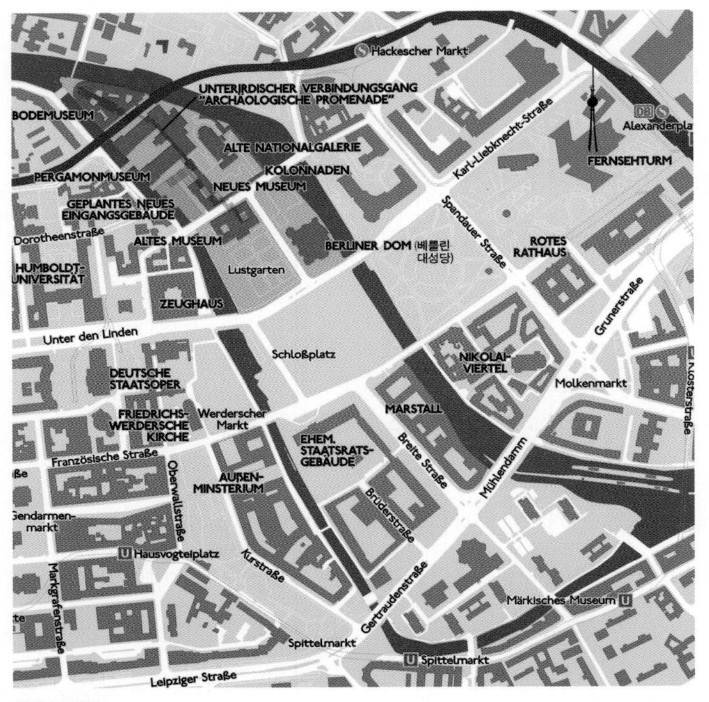

그림 15-6 독일 베를린의 박물관 섬 출처: 위키피디아 ⓒ Sansculotte

의 시테섬과 비슷해요(그림 15-6). 서울 한강의 노들섬하고도 비슷하고요. 이 지도에서 보면 왼쪽 위의 붉은색 블록 속에 다섯 개의 박물관이 몰려 있지요. 블록 속 오른쪽 아래에 베를린 대성당Berliner Dom이고요.

여기에 베를린의 중요한 19세기 대형 박물관들이 다 들어 있어요. 구박물관, 신박물관Neues Museum, 구국립미술관Alte Nationalgalerie, 보데박물관Bode Museum, 페르가몬박물관Pergamon Museum, 이렇게 다섯이죠. 저렇게 섬 하나에 박물관을 다섯 개

그림 15-7 프리드리히 아우구스트 스튈러의 베를린 박물관 섬 전체 조망도 1862년.

나 몰아넣으니까 일단 물량 면에서 집중 효과가 훨씬 커지는 거죠. 물론 소장품 내용도 루브르박물관이나 대영박물관에 뒤지지 않고요. 베를린에도 문화 중심지가 여러 곳인데 아무래도 박물관 섬이 압도적이라 할 수 있죠. 거기에 베를린 대성당까지 넣었으니까 종교 공간과 문화 공간을 한곳에 모아놓은 게 되었죠. 그런데 이 다섯 박물관이 모두 신전 양식이에요. 구박물관은 오늘 강연 앞부분에서 19세기를 대표하는 그리스 신전 양식으로 보았죠(그림 2-3). 이건 지붕 없이 기둥만 나열한 거고요. 구국립미술관도 앞에서 이미 보았어요(그림 13-2). 이건 삼각지붕이 있는 신전 양식이죠.

개별 건물의 양식도 중요하지만, 더 중요한 건 박물관 다섯 곳이 모이다 보니까 개별 건물을 넘어서서 하나의 단지가 되었잖아요. 그런데 이게 아테네의 아크로폴리스를 모델로 삼았다는 거예요. 19세기에 이 박물관 섬을 계획하고 다섯 곳 가운데 두 곳을 설계한 스튈러 Friedrich August Stüler 라는 건축가가 섬 전체를 설계하면서 남긴 전체적인 조망도를 보시면 앞에서 보았던 클렌체의 아크로폴리스 상상 복원도랑 매우 비슷하죠(그림 14-2, 15-7).

학생들 아, 그렇네요.

19세기 유럽 도시 건축가들의 꿈을 구현한 박물관 섬

임 이게 바로 그리스 아크로폴리스 모델을 유럽 도시의 중심 공간에 가져온 대표적인 예예요. 파리에서 개별 건물을 중심으로 일어났던 것보다 더 그리스 원형에 가깝죠. 물론 지형적인 차이는 있죠. 아크로폴리스는 언덕이고 박물관 섬은 말 그대로 강 사이에 있는 섬이니까 언덕은 아니죠. 그래서 진짜 아크로폴리스 같은 모양은 안 나오지만 여전히 신전 양식의 건물이 중심에 딱 서 있으면서 도시의 최고 문화 중심지를 이루죠.

아마도 19세기 유럽의 대도시들이 가장 보고 싶어 했던 모습일 거예요. 부지 확보가 어렵고 땅값 문제도 있고 해서 이렇게 군집해서 몰아넣기가 어렵잖아요. 각 대도시의 상황으로 들어가서 보면요. 가능만 하다면 간절히 하고들 싶어 했고, 하지만 어떻게 할 형편들은 아니었고, 그런데 베를린이 이걸 보여준 거죠.

근데 제가 지금 이런 걸 좋게 얘기해서 그렇지, 한때는 낡은 옛날 양식을 가져다 쓴다고 비판을 받은 적이 있어요. 박물관 섬이 19세기 말의 설계거든요. 일부 건물의 건설은 20세기 초까지 이어져요. 그러니까 시대가 바뀌어서 이미 도시 안으로 기차가 들어오고, 지하철이 뚫렸고, 철골하고 철근콘크리트가 돌이나 벽돌 같은 재료를 밀어내는 산업 시대가 되었는데 말이죠. "저게 뭐냐, 옛날 거 가져와서 그대로 우려먹기냐" 하면서 비판을 받는 거죠. 특히 1920년대에 아방가르드부터 시작해 한 1950~1960년대까지 산업화가 본격적으로 진행되던 시기에 건축사학자들은 이런 모습을 굉장히 비판을 해요.

그러다가 1980년대를 거치면서 포스트모던 시대에 복고주의가 등장하고 문화가 다원화되면서 시각이 바뀌죠. 진보적인 발전을 하지 못해서 옛날 것을 빌려 쓰는 게 아닌 걸로 보게 되어요. 19세기 때의 것을 껍질만 봐서는 안 되고 19세기 도시 건축가들이 이렇게 지은 이유가 아크로폴리스 모델의 정신성을 가져온 걸로 좋게 평가하게 된 거죠. 외관은 그리스 신전이지만 그 속에 담긴 정신성을 가져온 거니까요. 이게 바로 우리가 사는 근대성의 핵심을 이루는 내용이 되어요. 적어도 유럽에서는요.

런던의 트래펄가 광장,
종교 공간에 문화 공간을 더해 도시 중심 광장을 세우다

학생 재미있어요. 또 다른 곳은 없나요?

그림 15-8 영국 런던의 트래펄가 광장 1830년경 완공.

임 많아요. 유럽 각국의 수도는 물론이고 일정 수준 이상 되는 대부분의 도시들에서 이런 도시 건축의 역사, 스토리가 있어요. 하지만 다 볼 수는 없고 파리와 베를린을 보았으니 마지막으로 런던을 봐야죠. 런던의 트래펄가 광장Trafalgar Square으로 모시겠습니다(그림 15-8). (웃음) (학생: 아, 예쁘다)

트래펄가 광장은 오래되지 않았어요. 나폴레옹을 격퇴한 1805년의 트라팔가르해전을 기념해 세웠으니까요. 완공은 1830년경에

되었고요. 런던 시민들에게는 역사적인 의미가 큰 중요한 광장이잖아요. 지금은 이곳에 여러 중요한 건물들이 더해지면서 런던의 대표적인 중심 공간이 되었죠. 그런데 런던도 예외 없이 그리스 도시 모델을 가져와요.

왼쪽 위에 긴 변을 막고 있는 건물이 내셔널갤러리National Gallery, 런던국립미술관이에요. 도심 중심 광장을 닦으면서 중심 건물로 문화시설을 넣은 거죠. 건축양식도 그리스 신전이잖아요.

학생 광장 한복판에 미술관이 있는 게 인상적이더라고요.

임 재미있는 사실이 하나 더 있어요. 광장 부지를 이곳으로 잡은 이유 가운데 하나가 원래 이곳에 중요한 건물이 있었기 때문이에요. 광야의 성 마르틴 교회St Martin in the Fields예요. 사진에서 오른쪽 위쪽 모퉁이에 하얀 종탑이 있는 건물이에요. 1720년대에 지은 거니까 광장이 조성되기 전에 먼저 들어와 있었죠.

이게 큰 교회는 아니지만 런던 도시 건축에서 중요한 곳이거든요. 앞에서 말했던 바로크에 반대한 기둥 건축의 문을 연 건물이에요. 내셔널갤러리가 규모가 크고 세계적인 미술관이라서 아무래도 대중의 관심은 이쪽으로 쏠리는데 실은 이 교회와 함께 봐야 되는 거죠. 트래펄가 광장이라는 런던 중심 공간의 주인은 이 두 건물, 공동인 셈이죠. 이렇게 되면 베를린의 박물관 섬처럼 종교 공간과 문화 공간이 하나로 합해진 거고 그만큼 정신적인 공간의 집중도가 높아지는 겁니다.

5부

서울의 도시 상황과 마무리

그렇다면 서울의 중심 공간은?

서울의 중심 공간의 다양한 후보들

학생 이제 정말 다 본 건가요?

임 네, 아쉽지만 이제 슬슬 마무리할 시간이 되어가죠. 지금까지 유럽의 18~19세기를 쭉 보았는데요. 결론으로 들어가서, 남의 얘기만 하면 안 되고 우리의 도시를 봐야죠. 우리의 서울은 어떨까, 질문을 드려볼게요. 서울의 중심 공간은 어디일까요? 그런데 서울에 생각보다 후보들이 많아요. 그래서 여러분이 생각할 때 서울의 중심 공간을 딱 하나씩만 들어주세요. 마무리니까 각자 하나씩 말씀을 해주시면 좋을 것 같아요.

학생 저는 광화문이요.

학생 나도 광화문이요.

학생 여의도도 될 수 있을 것 같아요.

학생　명동이나 홍대 같은 번화가는 어떤가요?

학생　종로요. 걸어서 덕수궁 돌담길도 갈 수 있고요.

임　많이 나왔네요.

학생　선생님이 강의하시는 신촌은 어떤까요?

임　신촌은 조금 약한 것 같네요.

학생　아, 솔직하시네요, 선생님.

임　후보가 될 만한 곳은 거의 다 나온 거 같아요. 정해진 답은 없죠. 각자 생각하기 나름이고 모두 답이 될 수 있다고 봐요. 그런데 대중 강연이나 학교 수업 같은 데서 이 질문을 해보면요. 나이 든 세대는 경복궁 얘기를 많이 하고, 학생들은 광화문 얘기를 많이 합니다.

오늘도 광화문이 많이 나온 거 같네요. 경복궁은 아무래도 요즘은 문화재나 공원 같은 걸로 따로 떼어서 생각하니까 안 나왔던 것 같고요. 근데 광화문에 사실은 경복궁까지 포함이 된다고 볼 수도 있죠. 그렇게 되면 광화문이 더욱 서울의 중심 공간이 되는 거죠.

학생　저는 그런 생각을 했던 게 예전에 정치권력도 사실은 경복궁이어서요.

임　지금도 청와대는 거기에 있으니까요. 그럼 질문을 좀 바꿔보면, 지금까지는 넓은 지역을 물어보았던 거고, 오늘 들었던 강연을 기준으로 좁혀보면 어떨까요? 서울의 정신적인 중심 공간이요.

그림 16-1 광화문 전경

학생 광화문에 세종문화회관 등 여러 문화시설까지 다 있으니까.

학생 정신적인 중심 공간이면 종교 공간, 문화 공간 이런 거였지요?

학생 그렇게 확 좁혀서 답하려니까 어렵네요.

학생 서울의 정신적인 중심 공간이라 …….

서울의 세 가지 정신적인 중심 공간: 전통 고전 공간, 종교 공간, 문화 공간

임 서울도 생각보다 후보가 많아요. 제가 우선 크게 세 종류로 정

리해 보았어요. 일단 종류부터 유럽보다 하나가 더 많지요. 첫 번째는 우리의 고전 전통 공간이죠.

학생 아! 종묘. (학생: 맞아, 종묘)

임 종묘 좋아요. 그 전에 먼저 경복궁이 있고요(그림 16-1). 4대 궁궐, 5대 궁궐이라고 하는 다른 궁궐들이 있죠.
그다음에 사극을 보면 "종묘사직을 보존하옵소서" 하는 종묘와 사직이 있고요(그림 16-2). (학생: 오, 많네) 이것만 있는 게 아니고 생각보다 훨씬 많아요.

학생 성균관이요.

그림 16-2 종묘 정전

그림 16-3 정릉

임 오, 좋아요. 서울 문묘죠. 이건 향교나 서원 같은 교육 공간이고요. 서울에 진짜 향교가 하나 더 있어요. 양천향교예요. 그다음에 왕릉이 많잖아요. 왕릉은 여러분도 시간이 날 때 산책 공간으로 애용을 해주시면 좋아요. 서울에 한 가지 아쉬운 점이 녹지가 적은 거잖아요. 그나마 서울에서 녹지를 품고 있는 데가 왕릉이에요. 그래서 정릉과 태릉이 대표적이고요(그림 16-3). 강남에도 의외로 많아요. 지하철 2호선 선릉역에 있는 게 선정릉이고요. 서

그림 16-4 명동성당

그림 16-5 조계사

울에서 분당 가는 방향의 내곡동에도 헌인릉이 또 있어요. 성북구의 한국예술종합학교 옆에 의릉이라는 곳도 있어요.

학생 의릉이요?

학생 아, 저도 알아요. 근데 좀 멀어요.

임 이런 곳이 우리의 고전 전통 공간이지요. 우리는 고전이 유교니까 조선 유교, 성리학 공간이죠.
그다음에 두 번째 정신적인 공간은, 우리도 종교 공간이 서울 도심에서 중심 역할을 하는 데가 있어요. 명동성당하고 조계사죠 (그림 16-4, 16-5). 이 두 곳은 단순히 가톨릭이나 불교 시설을 뛰어넘은 것 같아요. 일반 시민들이 오가면서 쉬기도 하고 개인적으로나 사회적으로 힘든 일이 있으면 의존하고 힐링하는 공간이잖아요.

그림 16-6 세종문화회관 가장 왼쪽의 건물이다.

그림 16-7 국립중앙박물관

학생　정말 정신적인 공간이네요.

임　그것도 시내 한복판에 있죠. 우리가 이런 걸 갖고 있다는 게 매우 중요해요.

학생　축적된 역사가 있잖아요.

임　맞아요. 20세기를 관통하면서 축적된 역사가 있죠. 한국의 근현대사를 거쳐오면서 서울 시민은 물론이고 전 국민이 정신적으로 힘들고 할 때 이런 곳에 가서 많이 위안도 받고요.

학생　맞아요, 가면 좋아요.

학생　민주주의의 역사도 함께 있지요.

임　예, 명동성당은 특히 그렇죠. 전통 사찰의 경우 봉은사나 화계사처럼 서울 전체까지는 안 가도 지역의 중심 공간 역할을 하는 경우가 추가로 있고요.

세 번째는 문화 공간인데요. 생각보다 서울에 문화 공간이 많아요. 남산 국립극장을 시작으로, 세종문화회관, 예술의전당, 전쟁기념관, 국립중앙박물관 순서로 지어졌죠(그림 16-6, 16-7). 전쟁기념관은 명칭이 좀 그렇기는 하지만요.

더 많아요. 서울역사박물관이 있고, 일제 때 건물을 쓰고 있기는 한데 서울시립미술관 서소문 본관도 있죠. 앞에 나왔던 동대문역사문화공원과 DDP도 있고요. 경복궁 옆의 사간동 화실 거리에 국립현대미술관 서울관도 있고요.

학생　되게 많다.

그림 16-8 대한민국역사박물관

임 또 최근에 문을 연 게 미국 대사관 옆의 쌍둥이 건물을 개축한 거예요. 무슨 박물관이죠? (학생: 아, 있는데) 세종문화회관 앞에 미국 대사관이 있잖아요. 경찰들이 지키고 서 있죠. 이게 원래 쌍둥이 건물이었어요. 나머지 하나는 옛날 경제기획원 건물이었는데 이걸 개축해서 대한민국역사박물관을 만들었어요. (학생: 아, 맞아) 지금 우리가 사는 대한민국의 역사 자료를 전시한 박물관이에요(그림 16-8).

서울은 이미 정신적인 중심 공간을 충분히 갖고 있다

임 어때요? 많죠?

학생 와, 생각보다 많아요.

학생 굉장히 많아요. 처음 듣는 곳도 있어요.

임 이렇게 많아요. 잘 찾아보면 더 있어요.

학생 기억도 못 하겠어요.

임 그렇죠. 이 문제를 좀 확장하면 '우리가 무엇을 가지고 있는가'라는 질문으로 일반화할 수 있을 것 같아요. 서울을 도시학이라는 관점에서 평가하는 문제죠. 결론은 '우리는 이미 굉장히 많은 것을 가지고 있다'예요. 방금 여러분이 했던 반응이 답이죠.

서울의 근현대사를 보면, 고종이 가장 먼저 근대화 시도를 했는데 그 기간이 애석하게도 짧았지요. 지금 서울의 근대적인 골격은 일제강점기에 기초가 잡혔다는 것이 어쩔 수 없는 팩트예요. 그리고 해방 이후에 우리의 손으로 본격적인 근대화의 길을 걷게 되는데 이게 순탄하지 않잖아요.

학생 한국전쟁 말씀인가요?

임 그렇죠. 6·25 전쟁 후에 완전히 다 파괴된 맨땅 위에서 우리가 정말 피땀을 흘려가면서 노력해서 지금의 현대 서울을 일구었어요. 그러다 보니까 부족한 점이 많았겠죠. 그래서 20세기까지 우리가 서양 문명을 바라볼 때면 '서양은 이런저런 게 다 좋은데 우리는 늘 부족하다' 하는 식으로 자책하는 게 심했어요. 서양에 대해서는 좀 신성시하는 시각이 지배적이었고요.

저도 공부하던 청년기에나 교수가 된 다음에도 이런 얘기를 너무 많이 들었고, 저 자신도 어디에 칼럼을 쓰거나 강연을 할 때면 유럽을 이상적인 모델로 얘기를 했죠.

그런데 이번에 강연을 준비하면서 차근차근 검토하다 보니까 우리가 생각보다 가진 게 많더라고요. 이런 결론이 왜 중요하냐면, 이게 상당히 시대적인 의미까지 갖기 때문이에요. 최근에 있었던 몇 차례의 국제·외교적인 사건을 보면요, 일본과의 경제 전쟁이나 코로나19 대응 같은 걸 겪으면서 우리가 생각보다 '어, 괜찮은 나라다'라는 걸 알게 되었잖아요. 우리가 많이 발전한 것일 수도 있고요. 그래서 너무 '헬조선, 헬조선이라 할 것만은 아니다'라는 생각을 갖게 되었어요.

학생 아, 헬조선이라는 말이요?

임 물론 각자가 처한 상황이 다르니 힘든 처지에 계신 분들의 상황부터 먼저 나아져야겠지요. 나라 전체로 봐도 아직 부족한 부분이 많고 비판할 건 비판하면서 계속 고치고 발전해야 하는 건 두말할 필요가 없죠. 그런 것도 많지만 이제는 서양과 비교해서 우리 것을 무조건 부족하다고 자책만 할 시기는 분명히 지났습니다. 우리가 가진 게 무엇인가를 되돌아볼 때예요.

그 결론은 '우리는 생각보다 많은 걸 가지고 있다'로 나는 거고요. 그 증거 가운데 하나가 지금 보고 있는 서울이라는 도시의 다양한 정신적인 공간들이죠. 우리가 지난 20세기를 굉장히 열심히 살아온 결과 서울에 이런 것들을 갖추게 된 거예요. 우리의 근대화가 보통 산업화로 얘기되니까 언뜻 돈 모으는 데만 집중한 것 같고 서울로 치면 도로를 확장하고 지하철을 뚫고 고층 건물만 지은 것 같지만, 틈틈이 알뜰살뜰 이런 정신적인 공간들도 갖추었던 거예요. 물론 서울에도 아직 문제가 많고 개선해야 될 점도 많아요.

미비한 점들은 앞으로 계속 보완하며 발전해 가야 하지만, 좋은 점을 찾아내서 아는 것도 똑같이 중요해진 시점에 이른 거 같아요. 제가 대중 강연을 다니다 보니 이전에는 '서양 명품 건축' 같은 주제를 원하셨는데, 최근에는 '우리는 뭘 가지고 있는가'라는 주제도 많이 요청받고 있어요.

상업 공간이 서울의 실질적인 중심 공간이 된 우리의 현실

임 이렇게 서울도 훌륭한 정신적인 중심 공간들을 많이 가지고 있어요.

학생 정말 오늘에야 알게 된 거네요.

임 그럼 우리의 실제 도시 생활은 어떨까요? 이런 정신적인 공간들을 제대로 즐기고 있을까요?

학생 면목이 없네요.

임 (웃음) 면목까지야. 문제는 우리가 이런 곳들을 충분히 사용하고 있지 못하다는 거예요. 우리가 대도시에서 하는 생활을 보면 대부분 상업 공간으로만 몰려들 가요.

학생 맞아요.

임 이건 생각보다 심각한 문제일 수 있어요. 이 문제는 질문을 바꿔서 생각해 볼 수 있습니다. 우리의 실생활에서 중심 공간은 어디일까요? (학생: 실생활이요?) 일상생활에서 실제로 많이 가는 곳이 어디냐는 질문이에요.

학생 강남역이 딱 생각나는 거 같아요.

학생 명동?

학생 서울에서 약속을 잡으면 원래 강남에서 보는 거 아니에요? 강남역?

임 예, 그렇죠. 실제 생활을 보면 강남 테헤란로를 따라서 강남역, 역삼역, 선릉역, 삼성역 등으로 이어진다고 볼 수 있죠. 유동 인구도 가장 많고 상권이나 돈의 집중도 이쪽에 다 있고요.

이걸 좀 더 확장하면 번화가, 즉 상업 공간이 되는 거죠. 여러 번 얘기가 나왔던 왕년의 번화가 명동도 있고 서울의 대표적인 대학촌인 신촌, 홍대 앞, 젊은이들 사이에 새로 유행했다가 침체되곤 하는 로데오거리, 가로수길, 경리단길, 을지로 같은 곳들도 있고요.

최근 10년 사이에는 쇼핑몰도 강세예요. 스타필드, 이케아, 롯데몰 같은 대기업에서 하는 곳도 있고 코엑스몰이나 타임스퀘어처럼 종합몰도 있고요. 쇼핑몰이 있기 전에는 각 지역의 백화점이 그런 곳이었고요.

학생 와, 이것도 많아요.

임 그렇죠. 정신적인 공간도 생각보다 많았고 상업 공간도 그렇죠. 여기에서 둘이 대비가 되는 거예요. 두 공간이 서울의 중심 공간 후보인데요, 정신적인 공간은 고전 문화재, 종교시설, 문화시설 같은 것들이죠. 이건 아무래도 좀 시간적인, 말 그대로 정신적인 여유가 있을 때 가는 곳이겠죠. 상업 공간은 경제적인 중심 공간이죠. 보통 '번화가'라고도 부르고요.

이건 약간 여담인데, 명동이 계속 언급되어서 그런데요, 강남역이나 테헤란로 일대가 개발되기 전에는 명동이 상업 공간의 중심이었던 것은 맞는데요.

학생 저희 부모님 때는 데이트를 다 명동에서 하셨다고 들었어요.

임 그때는 명동밖에 없었어요. (학생: 맞아요) 근데 여기는 출처가 일본이라서요.

학생 출처가 일본이라고요?

임 일제강점기에 일본 사람들이 자기들의 번화가로 먼저 지어서 사용하던 곳이에요. 요즘 한국 사람들은 명동에 잘 안 가죠. 외국인 동네가 되어서요.

어쨌든 문제는 지금의 한국 사회가 너무 상업화되고 자본화되어서 여러 정신적인 공간들이 갖춰져 있는데도 가지 않고 대부분의 시간을 상업 공간에서 보낸다는 겁니다. 상업 공간이나 번화가에서 시간을 보내는 건 분명 짜릿하고 즐거운 일이지만, 문제는 정도인데요. 상업 공간에 가면 아무래도 돈을 쓰게 되고, 이런 생활이 습관이 되면 늘 돈에 쪼들리는 생활을 하게 되지요.

물론 기본적인 물질 풍요는 20세기 기술문명이 가져다준 중요한 선물입니다. 최소한의 물질적인 풍요는 시민들이 골고루 누리는 게 꼭 필요하겠죠. 그러나 자기 스스로를 돈을 쓰는 생활로 몰아넣으면 결국 '돈, 돈, 돈' 하게 되고 이런 게 스트레스 요소로 작용하게 된다는 말이에요. 이게 모이면 한 나라의 경제구조까지 영향을 받으면서 '돈 쓰라고 재촉하는 사회'가 되어버려요. 이게 도시의 중심 공간 문제와 맞닿아 있는 거죠. 이제 우리가 많은 시간을 보내는 도시의 중심 공간이 정신적이고 문화적인 공간으로 옮겨갈 때가 되었다고 주장하고 싶습니다.

짧은 마무리, 슬기로운 도시 생활을 위하여

임 이렇게 해서 오늘의 제 강연은 끝났습니다. 긴 시간 동안 끝까지 집중해서 들어주시고, 좋은 질문도 해주시고, 제 질문에 답도 잘해주시고 해서 여러모로 감사합니다.

처음에 그리스 신전 얘기로 시작해서 서울의 도시 상황과 우리의 도시 생활에까지 왔네요. 여러 얘기를 한 것 같은데, 요약정리를 해봅시다. 오늘 제가 얘기했던 것들을 주제별로 정리하면 다음과 같습니다.

첫째, 그리스 신전입니다. 그중에서도 유럽과 서양에 끼친 영향에 대해 얘기했습니다. 그리스 신전이 왜 중요한지를, 그 힘과 의미가 어디에 있는지를 유럽의 18~19세기를 통해서 살펴보았고요.

둘째, 유럽의 18세기와 19세기죠. 이 두 세기는 유럽에서는 굉장히 중요한 시기예요. 매우 다양한 일이 일어났는데, 일단 발생한 사건들 자체가 흥미진진하고요. 오늘은 그중에서 폐허낭만주의,

구조합리주의, 이신론, 그레코-고딕 아이디얼, 19세기 도시 운동, 파리-베를린-런던의 중심 공간 등에 대해 얘기했습니다.
셋째, 역사 진행의 모델이랄까요, 교훈 같은 것으로서 '화해'의 정신이죠. 새로운 문명은 앞 시대에 대립하고 있던 쌍개념이 깨지고 세부 요소들이 상호 교합을 하면서 화해할 때 탄생한다는 거죠. '화해의 변증법'이라고 하겠습니다.
넷째, 우리가 사는 근대성의 정체예요. 18~19세기에 일어났던 다양한 일이 현재 우리가 사는 근대성의 기초가 되었거든요. 근대성은 기술과 자본이 전부가 아니고 이런 다양성이 생명이라는 얘기를 하고 싶었습니다.
다섯째, 근대적인 대도시의 정체예요. 앞서의 다양성을 근대적인 대도시에 적용해도 같은 얘기가 됩니다. 넓은 도로와 높은 빌딩만이 근대적인 대도시의 생명이 아니고 이런 다양성이 생명이며, 그것이 정신적인 중심 공간으로 구현된다는 얘기를 하고 싶었습니다.
여섯째, 근대적인 대도시의 대명사인 파리-베를린-런던 세 도시를 살펴보았습니다. 우리가 유럽에 가면 가장 많이 보게 되는 도시들인데, 맛집도 가시되 오늘의 강연 내용을 중심으로 둘러보면 또 다르게 보이지 않을까 생각합니다.
일곱째, 서울의 도시 상황을 살펴보았습니다. 생각보다 정신적인 공간을 양적으로나 질적으로나 잘 갖춘 걸 보았고요. 상업 공간도 그에 못지않게 많아 둘이 대비를 이루고 있죠.
이제 진짜 마무리를 하겠습니다. 유럽의 18~19세기, 그러니까 공간적으로나 시간적으로 지금 우리 현실과 조금 거리감이 있는 얘기로 시작해서 우리 현실에서 끝났는데요. 진짜 마무리는 우리 현실로 하겠습니다. 두 가지입니다. 하나는, 도시를 해석하고 즐기는 한 가지 시각입니다. 상업 공간에만 가지 말고 정신적인 공간을 즐기라는 얘기지요. '슬기로운 도시 생활'이라고 할 수 있겠습니다. 보온병에 차도 끓여 가서 마시고 평소에 좋아하던 책도 읽고 음악도 들으면서 여유를 즐기라는 거죠.

다른 하나는, 우리가 무엇을 지니고 있는지 살펴볼 때가 되었다는 겁니다. 불가佛家에서 하는 말 중에 "보물은 집 안에 있는데 밖에서 찾는구나"라는 게 있어요. 우리가 나름대로 열심히 살아왔고 이미 충분히 많이 가지고 있다는 걸 우리가 살아가는 도시 공간 속에서 확인을 해본 시간이었습니다. 긴 시간 동안 감사합니다.

부록

그림 목록

참고문헌

역사, 기독교, 미학

Adrian Hastings et al.(ed.). 2000. *The Oxford Companion to Christian Thought*. Oxford, England: Oxford University Press.

Baumer, Franklin Le Van(ed.). 1964. *Main Currents of Western Thought*. New York: Alfred A. Knopf, Inc.

Bokenkotter, Thomas. 2005. *A Concise History of the Catholic Church*. New York: The First Inage Books.

Bronowski, J. and Bruce Mazlish. 1960. *The Western Intellectual Tradition, from Leonardo to Hegel*. New York: Harper & Brothers.

Cannon, Joohn(ed.). 2001. *The Oxford Companion to British History*. Oxford, England: Oxford University Press.

Cross, F. L. and E. A. Livingstone(ed.). 1997. *The Oxford Dictionary of the Christian Church*. Oxford, England: Oxford University Press.

Encyclopedia of Aesthetics, Vol.1-4. 1998. Oxford, England: Oxford University Press.

Histoire economique et sociale de la France, Tome I-IV. 1979. Paris: Presses Universitaires de France.

Jones, Colin. 1999. *The Cambridge Illustrated History of France*. Cambridge, England: Cambridge University Press.

Kitchen, Martin. 2000. *The Cambridge Illustrated History of Germany*. Cambridge, England: Cambridge University Press.

Laugier, Marc-Antoine. 1753. *Essai sur l'architecture.*

LeRoy, Julien David. 1758. *Les Ruines des plus beaux monuments de la Grace*.

Letarouilly, Paul. 1840~1857. *Edifices de la Rome Moderne*.

McNeill, William H. 1986. *History of Western Civilization*. Chicago, IL.: The University of Chicago Press.

Murray, Peter and Linda Murray. 1998. *The Oxford Companion to Christian Art and Architecture*. Oxford, England: Oxford University Press.

New Catholic Encyclopedia, Vol.I-XVI. Washington D.C.: Publishers Guild, Inc. 1967.

Norman, Edward. 1990. *The House of God*. London: Thames and Hudson.

Perrault, Claude. 1684. *Les Dix Livres d'Architecture de Vitruve, corrigez et traduits*. Paris.

Peterson, R. Dean. 2000. *A Concise History of Christianity*. Belmont, CA.: Wadsworth.

Piranesi, Giovanni Battista. 1748. *Vedute di Roma*.

Tatarkiewicz, Wladyslaw. 1970. *History of Aesthetics*, Vol.1-3. Warszawa, Poland: PWN.

Thompson, F. M. L.(ed.). *The Cambridge Social History of Britain 1759-1950*, Vol.1~3. Cambridge, England: Cambridge University Press, 1993)

Winckelmann, Johann Joachim. 1764. *Geschichte der Kunst des Altertums*.

18~19세기 건축-미술-도시 관련 다양한 주제들

Alain. 1926. *Systeme des beaux-arts*. Paris: Gallimard.

Boime, Albert. 1986. *The Academy & French Painting in the Nineteenth Century*. New Haven, CT.: Yale University Press.

Boschloo, Anton W. A.(ed.) et al. 1989. *Academies of Art between Renaissance and Romanticism*. Duits, Nederlands.

Butler. E. M. 1958. *The tyranny of Greece over Germany*. Cambridge, England: Cambridge University Press.

Clarke, M. L. 1945. *Greek Studies in England 1700-1830*. Cambridge, England: Cambridge University Press.

Delaborde, Henri. 1891. *L'Academie des Beaux-Arts*. Paris.

Egbert, Donald Drew. 1980. *The Beaux-Arts Tradition in French Architecture*. Princeton, NJ.: Princeton University Press.

Enseignement et diffusion des sciences en France au XVIIIe Siecle, sous a direction de Rene Taton. Paris: Hermann. 1964.

Erichsen, Johannes. 1980. *Antique und Grec*. Köln.

Evans, Joan. 1956. *A History of The Society of Antiquaries*. Oxford, England: Oxford University Press.

Hargrove, June(ed.). 1990. *The French Academy, classicism and its antagonists*. London: Associated University Press.

Jacques, Annie. 1995. *Les Dessins d'Architecture du XIXe Siecle*. Paris: Bibliotheque de l'Image.

Klenze, Camillo von. 1907. *The Interpretation of Italy during the last two centuries*. Chicago, IL.: The University of Chicago Press.

Les Prix de Rome, Concours de l'Academie royale d'architecture au XVIIIe Siecle, Inventaire general des monuments et des richesses artistiques de la France. Paris, 1984.

Liversidge, Michael and Catharine Edwards(ed.). 1996. *Imagining Rome, British Artists and Rome in the Nineteenth Century*. London: Merrell Holberton.

Lough, John. 1970. *The Encyclopedie in eighteenth-century England and other studies*. New Castle upon Tyne, England: Oriel Press.

Macaulay, Rose. 1953. *Pleasure of Ruins*. London: Weidenfeld and Nicolson.

Makarius, Michel, 2004. *Ruines*. Paris: Flammarion.

Maugham, H. Neville. 1903. *The Book of Italian Travel, 1580-1900*. London: Grant Richards.

Middleton, Robin(ed.). 1982. *The Beaux-Arts and nineteenth-century Frahcn architecture*. Cambridge, MA.: The MIT Press.

Nizet, Francois. 1988. *Le Voyage d'Italie et l'Architecture Europeenne 1675-1825*. Bruxelles.

Noack, Friedrich. 1974. *Das Deutschtum in Rom seit dem Ausgang des Mittelalters*. Band I & II. Stuttgart, Germany: Scientia Verlag Allen.

Paris-Rome-Athens, Le Voyage en Grece des Architectes Francai aux XIXe et XXe Siecle. Exposition l'Ecole nationale superieure des Beaux-Arts. Paris. 1983.

Rabreau, Daniel. 2001. *Les Dessins d'Architecture au XVIIIe Siecle*. Paris: Bibliotheque de l'Image.

Revolutions Architektur, ein Aspekt der europäischen Architektur um 1800. München, Germany: Hirmer Verlag. 1990.

Schudt, Ludwig. 1959. *Italienreisen im 17. und 18. Jahrhundert*. Wien: Schroll-verlag.

Sedlmayr, Hans. 1948. Verlust der Mitte, die bildende Kunst des 19. und 20. Jahrhunderts als Symbol der Zeit. Salzburg, Österreich: Otto Müller Verlag.

Serra, Joselita RAspi(ed.). 1986. *Pastum and the Dorric Revival 1750-1830*. Florence, Italy: Centro Di.

Simowitz, Amy Cohen. 1983. *Theory of Art in the Encyclopedie*. Ann Arbor, MI.: UMI Research Press

Tafuri, Manfredo. 1987. *The Sphere and the Labyrinth, Avant-Garde and Architecture from Piranesi to the 1970s*. Cambridge, MA.: The MIT Press.

The Academy of Europe, rome in the 18th century. 1973.10.13~11.21. The William Benton Museum of Art.

Tresoldi, Lucia. 1975. *Viagiiatori tedeschi in Italia 1452-1870*. Vol.1-2. Roma: Bulzoni Editore.

Zanten, David van. 1977. *The Architectural Polychromy of the 1830's*. New York: Garland Publishing.

지은이
/
임석재

건축사학자이자 건축가로, 1961년 서울에서 태어났다. 서울대학교 건축학과를 졸업한 뒤 미국 미시간 대학교에서 석사학위를 받았으며 펜실베이니아 대학교에서 프랑스 계몽주의 건축에 관한 연구로 건축학 박사학위를 받았다. 1994년에 이화여자대학교 건축학과를 창설하며 1호 교수로 부임한 이래 현재에 이르고 있다.

건축을 소재로 동서고금을 넘나드는 폭넓고 깊이 있는 연구로 지금까지 모두 57권의 단독 저서를 출간했다. 탄탄한 종합화 능력과 날카로운 분석력, 그리고 자신만의 창의적인 시각으로 건축을 인문학 및 예술 등과 연계·융합시키며 독특한 학문 세계를 일구었다. 주 전공인 건축사와 건축이론을 토대로 시간과 공간을 넘나드는 폭넓은 주제를 다루어 왔으며, 현실 문제에 대한 문명 비판도 병행하고 있다. 연구와 집필에 머물지 않고 그동안 공부하면서 깨달은 내용과 떠오른 아이디어를 실제 설계 작품에 응용하는 작업도 병행하고 있다.

대표 저서로『임석재의 서양건축사』(전 5권),『'예(禮)'로 지은 경복궁』,『집의 정신적 가치, 정주』,『한국 건축과 도덕 정신』,『우리 건축 서양 건축 함께 읽기』,『서울 골목길 풍경』,『건축과 미술이 만나다』,『서울, 건축의 도시를 걷다』,『기계가 된 몸과 현대건축의 탄생』,『유럽의 주택』,『지혜롭고 행복한 집 한옥』,『광야와 도시』,『극장의 역사』 등이 있다.

모든 도시에는 그리스 신전이 있다
근대성의 문을 연 그리스 신전 이야기

|지은이| 임석재
|펴낸이| 김종수
|펴낸곳| 한울엠플러스(주)
|편 집| 조일현·최진희

|초판 1쇄 인쇄| 2020년 10월 20일
|초판 1쇄 발행| 2020년 10월 28일

|주 소| 10881 경기도 파주시 광인사길 153 한울시소빌딩 3층
|전 화| 031-955-0655
|팩 스| 031-955-0656
|홈페이지| www.hanulmplus.kr
|등 록| 제406-2015-000143호

Printed in Korea.
ISBN 978-89-460-6911-4 03540 (양장)
978-89-460-6956-5 03540 (무선)

* 책값은 겉표지에 표시되어 있습니다.